机电工程技术

张少波　张江亚　著

吉林科学技术出版社

图书在版编目（CIP）数据

机电工程技术 / 张少波，张江亚著 . -- 长春：吉
林科学技术出版社，2019.12
ISBN 978-7-5578-6548-1

Ⅰ．①机… Ⅱ．①张… ②张… Ⅲ．①机电工程
Ⅳ．①TH

中国版本图书馆 CIP 数据核字（2019）第 285941 号

机电工程技术 JIDIAN GONGCHENG JISHU

著　　者	张少波　张江亚	
出 版 人	李　梁	
责任编辑	朱　萌	
封面设计	刘　华	
制　　版	王　朋	
开　　本	185mm×260mm	
字　　数	230 千字	
印　　张	10.5	
版　　次	2019 年 12 月第 1 版	
印　　次	2019 年 12 月第 1 次印刷	

出　　版	吉林科学技术出版社
发　　行	吉林科学技术出版社
地　　址	长春市福祉大路 5788 号出版集团 A 座
邮　　编	130118

发行部电话 / 传真　0431—81629529　　81629530　　81629531
　　　　　　　　　　81629532　　81629533　　81629534

储运部电话　0431—86059116

编辑部电话　0431—81629517

网　　址	www.jlstp.net
印　　刷	北京宝莲鸿图科技有限公司
书　　号	ISBN 978-7-5578-6548-1
定　　价	50.00 元

前　言

　　机电工程涉及领域广泛，包含众多的方面，技术要求性较高，程序复杂。尤其在近年来机电工程不断运用在生产生活的各个方面，促进经济的发展，便捷了人们的生活。然而在机电工程的发展过程中仍然存在不少的问题，所以就需要加强企业管理，任何技术的发展都需要有效的企业管理思维和运用模式，才能最大限度的发挥技术优势，使企业利益最大化。

　　机电工程包含了众多领域，具有极强的普遍性和广泛性。目前而言，机电工程的发展已经摆脱了纯粹依靠技术的状况，需要通过企业的有效管理来推动发展，做好工程的组织与协调工作，做到资源利用率最大化。但目前，在机电工程的管理方面仍存在管理人员责任心不高和素质较低的问题，这些问题就制约了机电工程的发展。本文就机电工程管理的重要性，和如何通过管理促进机电工程的发展展开探究。

　　机电工程作为我国建筑工程等其他工程中重要的环节，对于工程的最终完成起着不可或缺的作用，因此只有不断积极研发新的技术才能满足各个行业对机电工程的需求。机电工程的创新推动着我国工业化的进程，所以在一定程度上，机电工程在一定程度上代表着一个国家的综合国力。

　　技术设计，分工，生产进行统一的规划，操作，讨论与分析结果的整个过程就是项目工程的管理。机电工程技术管理可以通过先进的管理模式优秀的管理团队，对技术人员以及管理人员进行培训，提高整个团队的整体素质以及能力，不仅可以提高团队力量，提升工作质量，兼带时间以及成本的投入，不断的创新发展，寻找优质的施工方法。机电项目管理是在其运用的各个领域的具体化，他对于工程的高质量完成，位置工程的正常运行，及时解决过程中出现的各种问题，保证工程的质量和效率，减少工程总的投入成本，做到利益最大化。经过精细的设计与规划，不仅可以按照工程的计划完成，甚至可以超额完成，保证整个工程的质量。

　　机械工程管理的主要作用是通过科学的管理经验和技术，推动工程项目的发展，保障工程的质量，减少投入资金。提高时间效率。保证工程项目科学的完成。合理的工程管理，可以不断解决和完善施工过程中出现的问题。减少事故的发生，保证工程的质量。充分的提高效率节约时间，充分利用已有的资源减少工程的成本浪费，提高经济效益。

目 录

第一章　机电工程的概述

第一节　机电工程的重要性

机电工程在建筑工程中尤其是电力安装过程中作用尤为突出，只有对机电工程质量的良好把控，才能对电力安装的质量和进度予以保障。由于机电工程本身所覆盖面积极其广，对机电工程起到影响作用极多，了解机电工程的对电力安装过程中所起到的作用，机电安装工程的特点等方面进行浅析，有利于对进一步做好电力安装工程提建议。

电力安装工程在安装的过程中对机电工程的具体规划要严格执行，以保障安装实施的安全性、严密性和现实执行性。电力安装的过程中对在各项工作面前，机电工程的完整性、专业性、标准性，以及为了保障机电工程的顺利发展而采取的各种必要性规划，对电力安装的过程有着积极的推动和保障作用，这也是化解电力安装安全危机的有效方法，这更是完善并促进中国机电工程建设和确保我国各个企业电力安装工程建设的有力保障。

一、机电工程

（一）机电工程概述

机电工程也可以叫作机电一体化工程，包含的工作内容极其复杂，是一个极其复杂必须依靠科学的管理才能保障其正常运行的综合化应用型工程。

（二）机电工程项目的特点

机电工程主要用于民用、公共建筑中和工业里具体的机电安装工作。由于其贯穿于整个工程项目的始终，因此必须在正式施工之前进行设计和规划。机电工程具有通用性，在进行安装施工时必须考虑到交通设备如电梯、电器工程、管道、电子工程、环保工程、自动化、消防、仪表、通用等的具体要求。因此，在前期规划、设计、物料采购、施工、检验、修整以及监测管理等工作方面必须以正式的工作流程为依据制作施工方案并通过预测来制定出相关步骤的问题处理预防措施，以保障在问题出现时，可以及时、准确的予以补救。

（三）机电工程项目在施工安装过程中的要点

由于机电工程的重要性和专业性，在进行施工之前除了必须制定出极其科学合理的施工方案以外，还必须对具体施工过程中的各项考核标准设置监督和管理。如工程编织的总则里编制的原则、各个职能部门的部门职责、施工技术的检验标准、机电设备的参数、救援措施的细则等。专人专管在机电工程的施工过程中尤为重要，这不但能确保工程可以按照预期的施工规划设定在预计的工期内顺利进行，这也是施工过程中各项技术可以严格按照标准被准确使用的重要辅助条件。

三、电力安装过程中机电工程的重要性

（一）电力安装工程是机电工程的重要组成部分

电力安装在机电工程的整体设计和施工中重点表现为毛坯阶段的照明管线的设计和施工，装饰阶段强电、弱点、各项照明设施的具体设计和施工，综合调试阶段对所有电力项目的系统构建、线路、效果的校对和验证等。一旦涉及项目重建和拆迁，对原有工程电力系统方面的拆除工作也隶属于整个机电工程规划和施行之中，只是属于前期准备阶段，并不属于电力安装的过程之中。

（二）机电工程的设计和规划直接影响电力安装质量

电力安装过程在施工之中需要专人进行监督和管理，由于我国的大多数电力设备在安装的过程中对施工的成本过于重视，而对于质量和效果则相对忽视，因此，在电力安装过程启动前期，工程项目的施工计划是否科学合理，对施工项目中的电力安装工作的设计和规划是否到位，所选的电力安装技术人员是否专业，安装技术、技巧和经验的专业化程度等极为重要，均对电力安装过程起到直接的作用和影响。这也是电力安装质量和最终效果是否能达成前期计划标准的重要保障。

（三）机电工程的合理规划和监管是电力安装安全性的切实保障

在电力安装的施工过程中，由于购买的电力设备不符合标准、电力施工的技术人员专业性不强、缺乏强有力的监督体系、安全防范意识没有建立起来等因素。

长期以来，我国各企业在电力安装的施工时经常出现设备损坏、最终检验不符合标准、漏电无电、人员损害等多项安全事故。受到机电工程中如设备采购、要求和规则、安全防范设施的准备、安全意识的培训和普及、安全管理和安全生产的切实执行力以及是否具有合理科学的安全责任体系等方面因素的直接影响，电力安装的安全性和施工的最终效果无法得到保障。因此，在机电工程的前期准备和设计规划过程中，以上因素必须被列入到电

力安装工程的监管和安全建设保障部门的具体工作中来，对事故多发环节加大监督和把控力度，将规章制度更加的标准化和精细化，严格要求各个实施者按照标准执行，并建立起安全教育培训服务，以确保电力安装施工的顺利和安全进行。

随着中国电力体制的不断改革和电力事业的不断深化，在具体的电力安装过程中将会有更具有科学性和时代特征的技术手段来促进工程的顺利进行。电力安装技术和手段的创新又将带动机电工程项目的进一步完善。因此，当国家的整体宏观调控和行业指导全面落实下去之后，机电工程的改革和发展将逐步应用到各个企业的拓展进程中来，电力安装和机电工程相互之间的作用和影响将不断的加深，而二者的完美协助配合也将为全球经济一体化下各个企业的发展起到良好的推动作用。

第二节　我国机电工程发展现状

机电工程是工程项目的重要组成部分，对工程质量有重要影响。随着计算机技术和网络技术的发展，机电工程在我国工业、机械制造业的应用也不断增加，大大促进我国经济建设的发展。文章从我国机电工程的发展现状出发，对我国机电工程的未来发展趋势进行简要阐述，以供参考。

一、我国机电工程的发展现状

机电工程是一项系统性的工程，是计算机技术、电子技术、电信技术和自动控制技术等的综合应用。机电工程在整个工程建设中占有重要地位，其施工质量的好坏对整个工程的质量有重要影响。计算机技术、通信技术的快速发展，为我国机电工程的发展奠定了坚实的基础，促进了机械设备与电子技术的紧密结合，尤其是我国自主研发的大规模集成电路、微型计算机的面世，为我国机电工程的发展提供了更广阔的发展空间。在20世纪80年代，我国成立了专门的机电工程研究小组。同时，在国家发展规划中，将机电工程作为我国战略性实施策略提出来。在国内，许多大型科研机构、高校、企业等都对机电工程进行了大量研究，为我国机电工程的快速发展奠定了基础。

自20世纪90年代以来，我国机电工程进入了高速发展时期，其特征主要突出表现在以下几个方面：

（1）机械、电子、通信、光学、计算机和信息等多学科的交叉综合，已经融入机电工程研发过程中，其发展和进步依赖并促使相关技术的发展进步，促进了微机电一体化和光机电一体化技术的发展。

（2）机电工程设计、分析、集成已经逐渐进入智能化时期，并将其作为一个特殊的边缘学科，开始进行深入研究。

（3）人工智能在机电一体化建设的研究得到重视，吸收了人工智能技术、光纤技术、神经网络技术的新思想、新技术，为机电工程的发展提供了动力和技术，也促进了机电工程科学体系的进一步发展。

二、机电工程的未来发展趋势

在我国经济建设和社会发展进程中，工业始终是我国经济发展的重中之重。因此，不断推动工业、制造业等产业的技术升级是我国社会主义建设中应重视的问题，尤其应重视机电工程技术的发展。机电工程的核心是电子电力技术、微电子技术的研发及应用，其中，微型处理器、微型计算机的应用更加重要。从整体来看，我国机电工程的发展趋势如下。

（一）微型化

蚀刻技术是半导体器件加工制造中的关键技术之一，在我国实验室研究中，已经成功利用蚀刻技术制造出了"亚微米级"大小的微型化元件。在机电工程施工技术的应用过程中，微型化发展不再需要进行机械元件与控制部件的区分，而能够实现机械元件与电子零件的完全融合，尤其是 CPU、执行结构、传感器等关键部位的集成，能够不断缩小我国机电一体化产品的体积，突破我国目前的机电工程的产品特点。目前，我国引进成功研制了一系列微机电一体化的产品，几何尺寸越来越小，且逐渐朝着微米级和纳米级发展。例如在生物医疗、军事、信息产品、通信产品中，微机电一体化产品体积小、灵敏度高、能耗低等优点，在各行业、各领域中的应用越来越广泛。但我国仍然面临着超精密技术、微机械技术研发水平相对较低的现状和问题，加大研发技术，争取尽早突破关键性技术难题。

（二）网路化

随着计算机技术的发展，网络技术也进入了高速发展时期，互联网技术逐渐在人们的生产生活中广泛应用。从 20 世纪 90 年代开始，我国机电工程与网络技术逐渐结合起来，共同发展、相互促进，取得了良好的效果和成绩。在不断发展的互联网技术基础之上，相关的远程监控技术也得到了迅速发展，远程控制技术在机电工程中的应用，开创了我国技术发展的新时期。在机电工程的发展过程中，网络技术的应用，不仅能大大提升机电工程的性能，还能提高机电工程产品的安全性，促进机电工程朝着正确的方向发展。

（三）智能化

在机电工程的发展过程中，智能化是机电工程的主要发展方向，也是我国机电工程"全息"产品的重要特征。智能化指的是对工业机械行为本身进行系统性描述，具有自主决策、推理能力和逻辑思维能力等综合性能。与传统的机电工程相比，机电工程智能化发展应建立在现代机械控制理论基础之上，将计算机科学、模糊数学、人工智能、心理学和生理学等先进的思想方法与技术，借助芯片技术、软件技术和模糊技术等最新研究成果，注重产品的整体性性能。如我国的新型微波技术、自动清洁技术、智能机器人等都进入了初步研发阶段，对产品控制系统进行智能化处理，及时发现产品生产、运输、储存等环节中存在的风险和问题，提出改进意见，以保证产品质量。

（四）集中监控化

在机电工程设计中，集中监控技术的应用范围也不断扩展，促进我国机电工程的发展。集中监控技术有利于加强机电设备的正常运行和维护管理，相对于传统的机电设备控制系统而言，集中监控系统在设计时，应考虑系统各部分功能的统一性；管理时，以中央监控系统为中心，对设备的运行状态进行全程管理，当系统的某一部分发生故障时，能够及时发现并予以排除。在机电工程发展过程中，越来越重视机电设备的运行安全，因此，应加强对机电设备的安全管理，完善机电设备的应用及维护，不断进行技术升级，使机电设备监控系统朝着集中化、一体化方向发展。

（五）PLC技术

PLC可编程逻辑控制器，是一种用于自动化实时控制的数位逻辑控制器，主要具有逻辑控制、数字量智能系统控制、数据采集、模拟量闭环控制及监控功能，已经广泛地应用于工业控制的各个领域。在PLC技术出现之前，一般要采用成千上万的计数器和继电器，才能组成具有同等功能的自动化系统，随着PLC技术的产生和发展，经过编程能够以可编程控制器模块来取代这些大型的装置。PLC技术系统程序不断发展和完善，用户能够根据自己的要求，编程适合自身需求的程序，以满足不同行业的生产要求。目前，我国机电工程设计中，PLC都具有A/D、D/A算术功能和转换功能，形成了一个模拟量闭环控制系统。在机电设备的速度控制和运动控制方面，PLC技术的应用，能够实现高速脉冲输出及接收功能，且配备了相应的传感器和伺服设备。PLC技术的应用，能够实现数字量智能控制，在可编程序终端设备联系应用中，能够实现数据的实时采集及显示，方便设备管理人员对各类数据进行统计和分析，进而以PLC的自检信号来实现对机电工程系统的监控。同时，PLC技术在应用过程中，表现出较强通信功能，从而实现了顺序控制、运动控制、数据处理、闭环过程控制和通信联网等基本使用功能的需求。

我国机电工程的研究已取得了较好成果，但与其他机电工程发达国家相比，仍然存在很大的差距。随着我国经济的迅速发展，特别是工业、制造业的快速发展，加强机电工程研发对我国工业发展有至关重要的作用，也是促进我国经济快速发展的重要条件。同时，在机电工程发展过程中，应加强技术创新，不断引入和研究新型技术，改善现存的技术格局，促进我国国民经济的快速发展。

第三节 机电工程施工管理中的问题

我国社会经济的快速发展和城市化进程的不断加快，这对机电施工管理工作提出了愈来愈高的要求。由于机电项目技术在项目工程的施工过程中有着独特地位，也对项目施工顺利开展起到了关键性的作用。本文首先对机电工程进行了概述，并对机电施工管理中的问题及解决措施进行了分析，最后对机电工程在我国的发展进行了展望。

一、机电工程概述

在我国，机电工程实际上就是对于机械技术、电气技术、制造工艺、电子技术、自动化控制技术等多项高端性科学技术的统称，其主要特性是实用性与普遍性。实用性通常所指的是机电工程在我国的各个行业领域，主要涉及生产建筑材料行业领域、汽车生产制造行业领域以及电力可持续输送发展行业领域等，这些领域所研发的技术产品都在一定程度上都有着很强的实用性，具体到每一个行业来说，所运用到各个领域的产品或者技术都保持着一定的实用年限；我国的各个领域对于机械工程所研发的产品及其技术的使用都很普及，从某种程度上来说是运用到了各个领域的各个行业。不仅如此，机电工程的普遍性也很强，但是对于其所运用的技术的含量要求却极高，在一定程度上可总括为高端性科学技术。当伴随着时代的不断进步和不断发展，我国各个领域对于机电工程的发展也相应得到了提升，在一定程度上，机电工程的相关技术也提升到了一个新的高度。但与此同时，我国对于机电工程的发展即使面对着机遇，也日益面临着更加巨大的挑战，因此，我国必须深化机电工程的相关行业领域的技术改革，加大创新，并重视到我国机电工程发展所存在的相关问题。

二、机电工程施工和管理中存在的问题

在机电工程的实际施工和管理过程中存在很多的影响因素，如果不对其进行分析就会造成很多的施工和管理问题，当前我国机电工程施工和管理中缺乏合理的管理制度，也没有较强的管理意识，同时工作人员技术和管理能力水平较低，无法满足社会的需要。

（一）缺乏科学合理的管理制度和管理意识

机电工程施工本身就具有复杂性，所以机电工程施工管理工作也必然是非常复杂的，所以就需要一个科学合理的管理制度去予以规范，但是很多机电工程企业并没有一个完善的管理体系，这就导致很多管理工作无法顺利地进行，也没有一个制度对管理工作予

以规范，导致很多管理问题的出现。此外，缺乏管理意识是机电工程施工管理中普遍存在的问题，因为通过管理工作无法给机电工程建设企业带来直接的经济效益，所以很多机电工程施工管理人员并没有充分认识到管理工作的重要性，缺乏管理意识，不重视管理工作，企业对机电施工管理方面的资金投入也较少，这就导致机电工程施工中很多管理工作无法较好的进行，也得不到高层的支持，使得机电工程的管理工作效率低下和各种管理问题的出现。

（二）工作人员技术及管理能力低下

机电工程专业具有很强的系统性与复杂性，需要很强的科学技术。我国从 20 世纪 80 年代开始就已经开始投入大量的资金来对机电工程领域的人才进行重点培养，仍无法满足快速发展对于人才的需求。而且机电工程专业涉及电子科学技术应用、电子信息技术应用、通信技术应用、计算机技术等多方学科知识的穿插，因而对机械电子方面的人才提出更高要求，而且想要将这么多的科学技术学懂学通灵活应用更加困难，这就造成这一领域人才的短缺。另外，国内高校的人才培养体系以及所学教材又比较老旧，无法满足各个行业的快速发展所提出的需要，这些知识不能及时更新换代，无法跟上更新换代的速度，这些也是造成人才数量短缺无法在短时间内满足企业对人才的需求速度以及质量。

（三）无法满足社会需要

随着时代不断进步，科学技术也在不断发展。也正是因为如此，我国的各个行业领域面临着严峻的挑战。就我国的机电工程而言，传统的机电工程技术已远远没有办法满足现阶段我国相关行业领域的发展，若是再继续使用传统的机电工程技术，必将大幅度提高企业生产成本，降低工作效率，也不仅如此，我国企业的经济效益也会在一定程度上有所降低。但是不能忽视的一点是，传统的机电工程技术在我国长时间的使用，在短时间内，新型的机电工程技术还无法替代传统机电工程技术。

三、机电工程施工管理的措施分析

要解决并优化提高机电工程施工和管理的效率质量就必须提高对机电工程施工管理的重视，要做好机电工程的工作人员管理工作，加强机电工程设备和材料管理工作，并重视其他各方面的管理工作，优化管理模式和方法，以此来不断提高管理效率和水平。

（一）机电工程的工作人员管理

机电工程与工作人员的参与是紧密相连的，工作人员属于这当中最具创造力以及影响力的因素之一，所以，想要保证机电工程施工质量与相关要求相符合，必须要使得职工的素质以及专业的技术技巧有效提升，这样才可以使相关人员整体素质有效提高。在机电工程施工环节要对施工人员素质进行培养，主要会涉及至管理以及提高机电项目管理人员的专业素质以及技术。在进行机电工程施工工作之前，需要客观的对机电施工团队整体进行考核，必须坚持专业性、公正性以及全面性的原则开展考核工作，还需要重视将普工与技工间人数的比例协调好。针对技术工人技术标准，需要将资格证书与实际操作水平相结合进行考核。而施工自始至终都需要重视进行专业化的培训工作，便于操作人员实际工作的技术水平有效提升，最终能够实现工程质量的提升。

（二）加强机电工程材料和设备机械的管理

机电工程在实际的施工过程中需要的人员非常多，会使用到非常多有关的机械，还涉及非常多的半成品和原材料等，因此要想有效控制工程的质量，必须要加强机电工程需要机械设备以及原材料之类的质量管理工作。现今，由于原材料以及施工机械质量不达标而造成的工程事故比比皆是，因此，必须要将机电工程质量控制问题重视起来，保证机电工程中使用到的半成品以及原材料具备与相关标准规范相符的实际质量。机电设备在选购之时，必须严格加强选择设备、半成品以及原材料的流程，必须尽可能购买价廉质优的产品，便于有效的保证机电工程施工的质量。

（三）机电工程施工管理的其他工作

机电施工过程当中施工规范以及程序都属于非常关键的，作为施工管理者必须要提高对管理工作的重视度，要高度关注工程当中重要施工部位以及关键位置。施工管理人员还需要对每个工序进行详细的关注和记录，认真填写施工日志。在机电工程的实际施工过程中如果出现图纸错误等问题，要在第一时间向设计人员反映，避免质量问题和安全隐患的出现。要对机电工程施工进行全过程管理，通过严格的施工管理规范来优化施工管理工作。除此之外，施工部门在施工过程当中，需要加强有关资料的收集整理和分析，特别是在开展隐蔽工程资料验收时，必须要对相关环节进行严格控制。

机电工程在我国的发展主要就是面向智能化和网络化方向发展：①面向智能化的发展是机电工程技术满足更多行业需求的必然趋势与方向。电子系统一直在机电工程技术中包含着，而智能化的电子系统发展能够解决传统机电工程技术存在的问题，能够使系统的反应时间得到提高，以便更好地解决自身存在的问题，还能够有效地降低人工成本提高工作效率，增加企业效益；②当今社会计算机已经在国内得到了全面的普及，网络技术的研究与发展对机电工程技术高效发展有着促进作用，将网络技术在机电工程进行应用能够有效提升其的工作性能，从而使机电工程的社会效益和经济效益得以有效的提升。

机电工程是一项技术性的复杂系统工程，其施工管理工作对工程的质量和安全有着关键性的影响，所以机电工程企业必须重视施工管理工作，加强对其施工管理的研究。

第四节 高速公路机电工程联合设计

高速公路机电工程联合设计的重要性表现为能够灵活对机电设备配置和选型，方便系统维护和维修，有利于优化工程变更设计，促进系统有效运行和管理。但目前联合设计存在不足，主要表现在设计方案、设计流程、设计人员等方面。为弥补这些不足，应该采取完善措施：优化联合设计方案，把握联合设计流程，加强设计过程沟通协调，提高设计人员综合技能，并注重施工图细化与设计。

机电工程是高速公路信息化和现代化的重要标志之一，为促进机电工程更好地发挥作用，确保高速公路有效运行，采取相应措施，提高机电工程设计水平是必要的。本文结合高速公路机电工程基本情况，就联合设计提出相应对策，希望能为具体工作开展提供启示。

一、高速公路机电工程联合设计的重要性

联合设计是业主、机电监理、机电施工承包人、原设计承包人四家单位根据施工图设计内容，进行现场实地勘察，结合现场实际情况修改设计图纸，完善施工图设计，优化设计方案，并根据机电设备的最新技术参数，确定设备接线、配置的过程。

二、高速公路机电工程联合设计的不足

尽管采取有效措施，对机电工程开展联合设计具有重要作用。但一些设计人员责任心不强，没有严格落实各项规定，当前联合设计仍然存在不足。

（一）设计方案不合理

机电工程联合设计是专业性很强的工作，需要提高设计人员综合技能，认真把握设计技术要点。但目前在设计过程中，由于没有严格遵循规范要求和技术标准，忽视新技术和新产品的应用，或者不注重创新设计理念，导致设计方案不兼容，一些功能无法实现，甚至导致系统存在安全隐患，对机电工程有效运行产生不利影响。

（二）设计流程没有严格把握

为确保联合设计水平，应该遵循设计流程，把握设计要点，对每个环节都加强质量控制。但一些设计人员不注重该项活动，忽视开展外业调查，对机电工程所在位置的地形、气候、水文资料掌握不足。或者机电工程总体设计不到位，忽视与业主和建设方沟通，各种机电设备布局不合理，制约机电设备运营效率提高。

（三）设计过程沟通协调不足

联合设计过程中，离不开设计人员、建设单位、用户之间的沟通协调。通过加强沟通协调，能吸收各方意见和建议，这对优化方案设计，提高机电工程联合设计水平具有重要作用。但目前在联合设计过程中，存在协调沟通不足的情况，对设计方案、技术路线、设备选型、工程造价等没有开展有效协调与沟通，影响机电工程联合设计水平提高。

（四）设计人员综合技能偏低

提高设计人员综合技能，这是确保联合设计工作效率的前提。但一些单位忽视引进设计技术水平高的工作人员，导致相关规范标准在联合设计中没有得到严格落实。

三、高速公路机电工程联合设计的对策

为弥补联合设计存在的不足，促进机电工程更为有效地发挥作用，结合高速公路运行基本情况，可以采取以下设计对策。

（一）优化联合设计方案

机电系统联合设计需要电子、信息技术、土木工程等学科和专业知识，技术要求高。因此，设计人员应该注重提高自身素质，完善方案设计，对机电工程配置、布局等科学合理安排。要创新设计理念，确保设计方案先进，应用最新技术和理念开展设计活动。对不同方案的技术性与经济性进行对比，综合比较分析，选用最优设计方案，从而有效指导机电工程施工，让机电设备有效发挥作用。

（二）把握联合设计流程

根据机电工程具体情况，严格遵循规范流程开展联合设计。要对外业调查足够重视和关注，注重机电工程施工现场勘察，掌握通信汇集和接入点，沿线设施布置情况，核查高速公路的交通量数据，了解地理和气候资料。然后开展交通工程总体设计，对机电工程和工程合理布局，科学设计机电设施、监控设备、收费设备和通信设施。总体设计时还要增进业主和建设方的沟通，保证设计效果。

（三）加强设计过程沟通协调

设计人员应该密切与建设方、用户之间沟通协调，尤其是在方案设计阶段，更应该增进相互联系与沟通。设计人员需要注重高速公路施工现场调查和勘测，对前期工作资料进行深入研究，了解设计需求，根据设计目的形成完善的设计方案，方案成型后与建设方、用户沟通，对存在的不足及时调整和优化。与建设方沟通协调的重点在于方案、技术路线、设备选型和工程造价。要关注机电工程施工周期是否满足项目工程要求，施工方案对主体工程带来的影响，确保施工工艺不会对主体工程造成影响，机电设备选型合理，工程造价能够控制在投资预算范围内。

（四）提高设计人员综合技能

注重引进基础扎实，专业技能强的设计人员，充实设计队伍。构建完善的管理培训制度，不断提高设计人员综合技能。设计人员不仅要具备联合设计的专业素养，还要提高学习能力，认真学习机械、电子、信息、通信、计算机、网络、交通工程等专业知识，了解高速公路主体路线、互通、路基、路面、桥梁等内容，掌握机电工程设计和施工工艺，提高专业知识水平和设计技能。要注重积极参与实践锻炼，不断丰富经验，促进机电工程联合设计水平提升，有效适应各项工作需要。

（五）注重施工图细化与设计

要对机电工程施工图进行细化，落实每个阶段的设计任务，准备阶段收集并熟悉技术规范标准和标准图集，掌握该路段的工程技术资料和图纸，熟悉电子设备产品，主要材料的规格、型号、技术性能指标及产品结构，各种插件、板件的安装位置、连线图表和调试方法。勘察阶段应该深入施工现场，掌握施工现场基本情况，了解路基、路面特征，构造物结构设计，机房和收费广场的平面结构、面积、供配电和照明情况等。了解机电安装施工现场的气象条件，掌握与机电工程联合设计有关的数据资料。在详细收集这些数据资料的前提下，然后认真、仔细编写施工图设计文件。

采取相应措施，推动高速公路机电工程联合设计，不仅可以顺利完成设计任务，还能有效指导工程施工，减少设计变更，保证工程质量和施工进度。进而让系统安全、稳定、可靠运行，有效提升高速公路管理水平，为车辆安全顺应通行创造良好条件。

第五节　交通机电工程项目的质量管理

随着社会经济的发展，城市化规模越来越大，对于道路交通的要求也越来越高，推动了交通机电工程的快速发展。交通机电工程项目的质量作为工程建设中的核心，对道路交通的实时监测和运行服务有着较大的影响，在道路交通建设中，为保证车辆的正常通行和道路的安全管理和控制，必须加强交通机电工程项目的质量管理，确保交通机电设备的正常运行，为道路交通的运行质量提供保障。

交通机电工程是道路交通中的重要组成部分，由多个复杂的系统组成，施工技术要求非常高，而且在实际施工过程中，交通机电工程进场时间比较迟，工期较短，往往与其他

11

施工项目一起进行，工作受到较多因素限制。交通机电工程包含多个系统，每个系统都有一套复杂的安装程序和技术，各个系统之间相互独立，又相互联系共同发挥作用，交通机电工程要求将多个复杂的系统结合在一起，这是一项非常重要的任务，直接影响着道路交通的信号控制和监控等，加强交通机电工程项目的质量管理，对道路交通的正常运行有着重要的意义。

一、交通机电工程项目的现状和原因分析

（一）交通机电工程项目的现状

交通机电工程主要分为监控、通信、收费三大系统分部工程。监控系统工程主要负责道路交通信息的收集。对道路交通实行实时监测，及时了解各路段交通运输流量并进行调控，保证道路交通的顺畅。为道路交通事故原因分析等提供资料支持。及时监测道路中违法违规操作并进行处理，保证道路交通的安全。收费系统工程对进入道路的车辆收取车辆通行费，并收集相关数据，进行交通管理，达到准确并及时地进行数据转输。并且对过往车辆、车流量进行记录，为道路交通管理提供数据支持。通信系统工程可以为监控系统、收费系统、视频语音等提供信息传输通道，也是交通机电工程中非常重要的一个组成系统。

交通机电工程是道路交通建设过程中一个重要的项目，对道路交通的安全管理和运行有着重要的作用。在交通机电工程的建设过程中，由于各种因素的影响，工程质量往往很难得到保证。交通机电工程项目是道路交通的智能控制系统建设，在建设过程中，道路基础的建设对后续机电工程的工作有着重要的影响。在土建施工过程中，要提前进行机电工程管道等构件的预埋，预埋质量直接影响着后续机电安装工作进度，各类工程交叉作业，施工难度大，施工质量难以得到保证。虽然整个施工过程都有机电工程的参与，但是交通机电工程的主要安装工作必须等道路建设的基础施工完成之后才能进场，所以往往面临着工期短、任务多的局面。要求在较短的时间完成如此大的工作量，经常会导致对工程质量的忽视。

（二）交通机电工程现状原因分析

（1）设计深度不够。越来越大的交通需求带动道路交通的快速发展，但现在市场缺乏专业的设计团队，一些没有资质的单位也可以通过各种渠道接到相关工程的设计任务，导致很多交通机电工程的设计深度不够，较大程度的影响施工的质量和后期的运行，给质量管理增大了难度。

（2）工程招投标的不合理。招投标机制可以有效防止一些因素对工程承包的影响，保证选取施工单位的公正、公平、公开。但是目前很多企业却并未遵守工程招投标的相关规定，不考虑施工企业的资质、施工质量、材料质量、财务状况等，导致一些资质不符合要

求的单位进入施工现场，施工质量得不到保证。

（3）施工图设计审核不足。行业快速发展，然而没有足够的专业人员进行补充，很多施工图只是简单地从技术结构上进行设计，而没有进行全面的综合的考虑，导致经济和一些其他资源的严重浪费，增加了整个交通机电工程项目的成本。

（4）管理体制不够完善。工程施工过程中，甲方缺乏完善的管理制度，对施工质量无法进行控制，会导致很多工程不合格而进行返工，对工程质量造成很大的破坏。

（5）施工阶段监管不到位。道路交通建设由于施工范围广，路段长，环境复杂等因素的影响，施工阶段对于材料质量，施工技术等没有进行严格的监管，一些不符合规定的材料运用到工程施工当中，对工程质量的影响非常大。

（6）工程变更。在施工过程中，由于工程的变更所产生的费用，由于考虑到成本，施工企业往往会向甲方索取工程款以外的补偿，若甲方对工程变更没有进行合理的审查和分析，就会给工程质量造成一定影响。

二、交通机电工程项目的质量管理

（一）设计阶段的质量管理

对于交通机电工程项目的设计，多数情况下，设计单位会结合项目组和专业部门共同管理，对设计质量进行管理和控制。机电工程的设计工作是整个工程的基础，保证设计的科学性和合理性对工程的施工和质量都有着重要的影响。所以对设计阶段的质量管理工作必须保持高度的重视。首先必须保证机电工程设计团队的专业性，选取具有专业资质的单位进行设计工作，并委派高质量的专业人员指导设计工作进行。提前对道路所承载的通行量做好充分的了解，结合城市的要求和道路的实际运输量进行合理的设计，在保证道路交通质量的同时使交通方式更为便捷，并节约工程成本，使公路建设与地方规划相结合，进一步推动城市的发展。工程设计必须严格遵守作业指导书，按照相关要求进行设计，充分保证设计的科学性和合理性。加强对设计图纸的审查，设计中的一点小失误会给施工带来极大的阻碍，对设计中的每一个环节进行严格的检查，确保设计成果无误，为交通机电工程的施工质量提供保障。

（二）施工阶段的质量管理

（1）机电设备的质量管理。交通机电设备的质量是非常重要的，在选取交通机电设备之前，应该对道路交通的需求有充分的了解，为挑选设备提供有效的数据。对设备的挑选应结合各个方面综合考虑，选取几家产品进行对比分析，选取最符合要求的设备。如果在订购过程中发现接收到的产品无法满足交通机电工程的设备要求，或者设备供应单位无法提供有效的质量证明，应及时采取措施与供应商沟通解决，如果不能按规定满足交通机电工程设备的需求，应及时更换供应商，保证机电设备的质量符合要求。机电设备采购一定保留完整的交易合同，重点关注机电设备的售后服务，保证设备在损坏时可以得到专业的维修。设备在使用前必须要进行质量检测，确保投入使用后可以正常发挥作用。

（2）施工过程的质量控制。施工过程中的质量监督一般是由监理单位进行，对进入施工现场的材料进行严格检查，坚决不允许不合格材料投入使用。特殊的施工人员必须要拥有专业的资质证明，每项工作都要保证足够的工作人员，监督施工单位落实。施工期间严格控制施工流程和施工技术，并在必要的时候提供技术指导，保证施工的质量。对每一项工程都要进行验收，对不合格的、不符合规范要求的部分监督整改，直到验收通过。

（三）机电工程的试验检测

机电工程质量管理控制中有一个非常重要的工作称为试验检测，它是影响机电工程质量的关键。良好的检验数据支撑起了交通机电工程各个流程的运行，这些数据是否准确、有效、公正是决定整个施工工序质量好坏的先决条件，一旦数据有误或者未能进行试验检测，机电工程项目质量管理将没有任何存在的意义与价值。在试验检测开始之前要进行相应的准备工作，具体来说是按照行业相关的法律法规和操作规程对检测环境和检测条件进行评估，如果发现环境与条件不满足进行试验检测的要求，应当终止试验工作，对环境与条件进行技术性修改。试验检测开始之后，相关的检测工作应当由专业工作人员严格遵守行业相关的检测要求与检测细则进行操作。另外，测试机电工程的物理性能时，要注意区分短时检测与长时检测的不同处理手段。短时检测需要两人以上，长时检测则需要定时定点地进行。完成所有的实验测试工作后，检测数据需交由专业人员多次核查校对，确认检测数据可靠有效才能进行下一步的检测处理工作。最后需要注意的是要对进行相关测试的仪器设备进行详细的检查，保证测试过程中仪器设备的可靠稳定运行，同时注意相关实验检测数据的记录、存储工作的良好开展。

交通机电工程在现代道路建设中的地位越来越重要，近些年，随着我国经济的发展，交通运输的压力越来越大，实现道路交通的信息化管理可以有效提高道路的运输能力。机电工程的建设是信息控制和传递的基础，直接决定着道路的运行质量。加强交通机电工程项目的质量管理，提高道路机电工程施工质量的技术与管理方法，对保证道路的施工质量和安全运行有着重要意义。

第六节　机电工程通风空调的安装控制

本节主要是从机电施工的实际出发，同时结合一些安装的案例和经验进行分析和总结，发现在通风空调的安装过程中，我们应该严格遵守设计规范和施工规范，同时注意各个控制环节的关键技术，方便在今后的施工过程中确保通风空调的安装质量。

随着社会经济的不断发展，人们对于生活质量的要求也越来越高，同时对建筑物功能的要求也不断提高。在这个过程中，机电安装工程的比例开始不断变大，因此提高工程施工过程中机电安装质量是一件十分重要的事。而在这个提高安装质量的过程中，我们的机电施工技术和管理人员都需要不断地学习和提高自己，进而实现对机电安装工程的质量把控。

一、通风空调安装过程中的质量通病

对于安装建筑通风空调的过程，常见的质量问题主要包括以下几方面：

（1）施工方法不根据科学程序进行，这是导致质量通病的主要原因。建筑项目的施工本身就有特定的施工规律，所以，客观上需要遵守科学程序，工序混乱或者是颠倒的做法导致的危害比较大。

（2）通风系统的管道在穿越楼板、机房、防火墙等位置施工不符合规范。比如，在穿墙时管道没有设置套管，穿越机房和防火墙时，风管未设置防火阀与防火排烟阀，阀体距离墙的距离比较大，防火墙2m距离范围内的保温风管没有采用阻燃的保温材料。

（3）空调的新风系统末端处的风量没有均匀分配，很多房间甚至没有新风，也无法通过调节来满足通风要求。出现此类问题的主要原因是：风管的导流存在问题，管径不合理，风管的拐弯过多或者是急转弯较多，出现了阻力变大的情况，在通风的沿途漏风损失比较大。

（4）空调水系统当中有气堵或者是出现污物堵塞。在安全空调的水平管道时，出现凸出的管而又没有设置自动的排气阀，这是导致气堵的主要原因，施工的过程中，管道没有冲洗干净，这是导致污物堵塞的主要因素。

二、控制施工工程中通风空调安装出现的质量问题

（一）严格控制施工阶段的质量

1. 施工过程中的工序交接三检制

在施工的施工中一定要抓住企业的自检，要求企业在进行工序的交接时做好自检、互检以及交接检的检查。对于施工阶段内的事前、事中以及事后等各个环节的质量做好严格把关，认真地履行工程质量控制职能。同时施工单位一定要保证单位质量控制体系的完整性，同时对于施工过程中的机电安装进行严格的控制和检查。

2. 在进行工序交接时做好对应的质量检查

在进行机电施工的过程中，施工企业需要做好质量控制的相关工作，对于交接过程中

的相关工序做好质量检查，加强班组之间的监督和交接检查，对机电施工的质量进行严格的把控。

3.加强机电安装工程的五要素控制

①对于机电施工的关键技术人员进行定期的检查、指导以及测评，对于不合适的技术人员进行及时的纠正和更换；②维护和保养好施工过程中的工具和设备，对于设备的能力做好相关的鉴定和记录；③对于进出厂的材料进行验收、标记和追溯；④将相关的工艺和技术进行及时的分析和测评，对于技术上的漏洞进行及时的修正和改进，同时找到对应的施工技术；⑤关注机电施工环境对于通风空调安装产生的影响。

（二）控制好装饰工程阶段的质量

1.装饰施工会影响机电设计

很多的业主和装修公司会因为美观效果而改变原有的通风空调设计，因此影响到通风空调的功能效果，甚至是引发安全事故等其他问题。因此监理需要检查哪些装饰设计改变的空调设计是否存在质量问题，对于施工和空调的功能效果是否有影响。在经过检查之后，如果真的需要改变空调的局部设计时，那么需要组织相关的技术人员进行协调，之后定下更改的技术方案，确定好变更的内容，之后再进行施工。

2.对于施工的薄弱环节加强巡查

在进行装饰施工的过程中，需要多个工种进行交叉施工，这样会导致施工现场的管理混乱，甚至是导致通风空调的管道保温出现破损。因此，我们需要做好施工现场的巡查，对于施工的管道支架、穿墙处以及楼板的破损处容易被忽略的地方加强巡查。

三、控制通风空调施工项目过程中的相关问题

（一）空调的风管系统漏风现象

风管系统出现漏风现象主要在风管的加工以及安装上，因此要严格控制好风管的制作，安装过程中一定要安装牢固，避免出现变形和脱落的情况；风管的板材应该是倒角；风管系统的防火阀位置要安装准确；在风管的直角和拐弯处需要设置导流片，降低风阻；支架的膨胀螺栓埋入墙体的部分不能够用油漆，同时不可有油污；风管部件和空调设备需要用软管进行连接，所以软管需要选择阻燃或者是不燃的材料；风管的安装过程中，我们需要考虑法兰垫的厚度，避免出现拼接，在阀门和风口处不可安装支架和吊架，更不可以把支架直接吊在法兰上。

（二）避免空调水系统出现堵塞

在施工的过程中，空调的水系统是整个施工的关键工程，但是却经常出现堵塞的情况，进而导致整个空调系统无法进行正常的运行。而造成这一现状的主要原因是：管内存在残余的气体，影响到整个系统的制冷效果；管道的保温厚度与设计要求不相符；或者是阀门的保温材料选用的不合理，在施工的过程中，没有管道施工的保护敞口。因此我们需要避免这些问题的出现，进而避免整个空调水系统的堵塞现象的发生。

在整个机电施工过程中，通风空调的安装质量直接对整个工程质量产生影响，因此，我们的管理人员需要重视机电工程安装的通风空调质量控制，在降低安装和施工成本的同时，满足业主的需要，同时实现最佳的施工质量和节能效果。

第七节　BIM 技术与机电工程

随着我们国家飞速发展，各项科学技术措施发展和应用的速度都得到了大幅度的提升，计算机就是其中之一，可以说 CAD 技术的应用是建筑工程领域的第一次革命，利用计算机画图缩短了设计周期，提高了设计质量，BIM 技术是近几年出现的一项新技术，为建筑工程领域带来了第二次变革，实现了从二维图纸到三维模型的转变，它的广泛应用将对建筑工程领域产生无可估量的影响，使整个工程的质量和效益显著提高。在以往的一段时间当中我国投入建设的机电工程项目数量不断的增多，与此同时面临着的一个问题就是施工技术难度随之提升，在此基础之上也是会对施工管理工作提出更高的要求，而把 BIM 技术措施加以一定程度的应用的基础上，一般情况之下都是可以使很多问题得到更好更快地解决。

传统的计算机辅助设计主要采用 Auto CAD 等设计软件进行设计，然而这种工作模式与传统手工绘图方法类似，只是利用了计算机作为绘图工具，较大程度提高了绘图效率和绘图精度，并未从根本上将设计师从繁重的绘图任务中解放出来；另一方面，为了推敲细节与最终设计效果，设计师们从三维设计软件中制作的效果图，传统设计软件无法将平面、立面、剖面与三维模型统一，这就导致某一部分做了改动，其他图纸并不随之改变，给设计的后期带来很大的困扰。而在 BIM 技术领域当中就能发挥出来较为重要作用的三维建模技术，其实际应用的过程中使用到的基础性内容是建筑工程项目各个领域当中用产生的数据，在机电工程项目施工相关工作正式开展之前，针对建筑工程项目展开整体性勘察等工作，并在此基础之上将各项数据明确的找寻出来。在对三维模型加以一定程度的应用的基础上，依据一定的比例将建筑工程项目呈现在人们的眼前，而后将各种类型的数据信息作为依据，针对机电工程项目施工实际情况展开有效的模拟工作，从而也就可以较为容易的将施工流程当中出现概率比较高的问题找寻出来。在此基础之上编制出来有效性比较强的处理预案，以此不仅可以使得施工管理工作的效率水平得到一定程度的提升，同时也可以对施工相关工作的可靠性以及稳定性做出一定程度的保证。

一、机电安装工程中应用 BIM 技术的优势分析

（一）全建筑信息

全建筑信息，包括了建筑的业主、设计、施工、运营等多个方面的各类信息，信息量较大，管理难度也相对较大。应用 BIM 技术可以建立统一的建筑信息模型，对于机电安装工程而言，包括综合管网、产品型号、费用、生产厂家等，都可以进行统一管理，提供一个全建筑信息模型，便于管理和查询，降低工程管理过程中出现纰漏的概率，让各个环节能协调配合，一目了然。

（二）全生命覆盖周期

机电安装工程的全周期始于方案规划，经建筑设计、施工组织以及后期维修保养直至最后拆除等，组成了整个建筑的全生命周期。BIM 技术应用于机电系统的全生命周期管理，可以方便地对系统内数据进行更改和查询，可应用于建筑的每个周期，所以各方均可得以应用。此外，BIM 技术是一种可后续拓展技术，能够为建筑其他相关行业提供统一平台进行后续整改，尤其是当出现新的机电技术以及机电产品时，可实现快速的功能增加，提高工程改造效率。

（三）全过程协同管理

在机电工程的全生命周期中，设计单位关注重点在整个机电工程设计的全周期费用，包括长期运营的便利以及成本的节约，而并非简单的节省初次投入；而机电安装施工单位则主要应用 BIM 技术对整个安装工程进行掌握，以便提高施工效率与施工质量；对运营单位来说，则主要通过 BIM 技术提供的信息进行机电产品的维护，设备技术更新，等等。各单位在 BIM 技术指导下，协同合作，共同管理，大大提高工作效率，从而也大大提高机电安装工程的施工进度和施工质量。

二、BIM 技术在机电安装工程中的应用

（一）管线碰撞检查，减少返工

应用 BIM 技术进行建筑、结构、水暖、电气等各个专业管线设计，并在施工现场进行合理的测量、放线、施工等建设，施工材料的进场及调度安排等都可以一目了然。将各

个专业用软件导入计算机进行碰撞分析检测，这样便大大提高工作效率，不仅如此，在机电施工过程中，现场管理人员还可以用 BIM 软件为相关人员展示和介绍施工过程中的调整情况、使用情况，从而实现更好的沟通。利用 BIM 的三维技术在前期可以进行碰撞检查，优化工程设计，减少在建筑施工阶段可能存在的错误和返工的可能性，而且优化管线施工方案，同时也提高了与业主沟通的能力。

（二）三维可视化交底

BIM 最直观的特点在于三维可视化，三维可视化功能再加上时间维度，可以进行虚拟施工。随时随地直观快速地将施工计划与实际进展进行对比，同时进行有效协同，便于机电施工管理。这样通过 BIM 技术结合施工方案、施工模拟和现场视频监测，便于指导现场机电安装工程施工，甚至可以更加直观的提供视频交底。这样就更加明确的表达出设计意图及施工要点，减少机电安装偏差。

（三）质量管理

传统的工作方式下，以平、立、剖三视图的方式表达和展现建筑，容易造成信息割裂。由于缺乏统一的数据模型，易导致大量的有用信息在传递过程中丢失，也会产生数据冗余、无法共享等问题，从而使各单位人员之间难以相互协作。而 BIM 具有信息集成整合，可视化和参数化设计的能力，可以减少重复工作和接口的复杂性。

BIM 技术建立单一工程数据源，工程项目各参与方使用的是单一信息源，有效地实现各个专业之间的集成化工作，充分地提高信息的共享与复用，每一个环节产生的信息能够直接作为下一个环节的工作基础，确保信息的准确性和一致性，实现项目各参与方之间的信息交流和共享。有效解决不同参与方之间通信障碍，以及信息的及时更新和发布等问题，有利于机电安装质量管理。

（四）变更和索赔管理

工程变更对机电施工合同价格和合同工期具有很大影响，BIM 技术通过模型碰撞检查工具尽可能完善设计施工，从源头上减少变更的产生，为后续的工作如索赔管理等带来很大的便利。将设计变更内容导入建筑信息模型中，这样工程变更所引起的相关的工程量变化、造价变化及进度影响等就会自动反映出来，项目管理人员以这些信息为依据及时调整人员、材料、机械设备的分配，有效控制变更所导致的进度、成本变化，从而机电设备安装的变更与索赔等工作就变得轻松很多。

近几年建筑方面信息化发展迅猛，BIM 技术是一个使用的热点技术，在机电专业更是如此。所以在建筑行业当中将信息化技术作为基础，对建筑信息进行三维化甚至多维化的展示，同时将可视化的技术运用在建筑施工乃至机电施工当中已经是一个发展的重要方向。在三维分析当中将工程当中的信息进行整合，最终可以实现将工程管理体系发展的更加完整。接下来将会在更多重要的工作当中使用这项技术，所以需要我们在实际的工作当中不断地进行学习和总结。

机电设备安装工程在建设工程中有着重要的地位，BIM技术在机电深化设计中的应用，缩短了设计时间、节约了建筑成本、提高了工程质量，从管线综合全局出发，对机电设备安装期间可能出现的问题进行细致的分析，了解常见问题出现的原因，以便在设备的安装调试期间能够予以避免，同时要全面提升机电设备安装人员的素质，这样能够有效地提高机电安装水平，保证安装工程质量，确保安装工程按期完工。为深化人员提供了新的思路和方法，具有一定的实践价值和现实意义，有利于技术的推广。

第八节　高速公路机电工程中 UPS 的运用

本文首先对 UPS 的概念和配置进行简要分析，然后详细介绍了 UPS 在高速公路机电系统中的应用研究，最后总结了 UPS 发展方向。供相关人员参考。

监控系统、通信系统和收费系统称为公路机电工程的三个系统，如果把高速公路作为计算机，那么这三个系统对这一计算机系统至关重要。高速公路通车后，机电系统的三大系统起着极其重要的作用。机电三大系统正常运行，公路才能正常运行，反而会使整个公路瘫痪，将给国家的财产，人民的生命和健康带来非常严重的后果。为了保证三个系统的正常运行，UPS 是不可缺少的机电设备之一。在高速公路信息网络技术应用中，UPS 供电系统可靠、稳定、不间断显得越来越重要，UPS 电池系统的安全性直接影响整个系统的可靠性。

一、UPS 概念

不间断电源，以下简称 UPS(Uninterruptible Power Supply)，它是在信息技术领域的一个重要组成部分，是一个高科技的电力设备，集信号检测、通信技术、控制技术和电力电子技术于一身，那么在电信移动通信系统、计算机网络和各种全自动生产线，以及其他应用领域有着广泛的应用。由于计算机技术的快速发展，UPS 在高速公路领域也得到了越来越广泛的应用，UPS 虽然使用了很多年，但许多人仍然不知道 UPS 的性能指标，供电配置和供电系统没有引起足够的重视。

二、UPS 配置

（一）高速公路用电环境复杂多变

选择宽输入范围宽、容量大、适合国内电网环境的在线型 UPS。其主要特点是：电网适应性强，电压范围 ±25%，输入输出都有变压器隔离，负荷适应性强，整机配套性好。

（二）UPS 容量的选择

确定 UPS 容量大小应参考因素主要有：实际负载容量、负载的类型、潜在扩容需求等。

1. 实际负载容量

这是决定 UPS 容量大小的最根本因素。UPS 的输出能力必须达到或超过负载要求，以保证正常的供电。实践中认为 UPS 采用集中供电和分布式供电方式。集中供电的总负荷应为所有 UPS 的总电源。分布式电源是根据每个 UPS 的负载来确定的。在公路机电系统中，UPS 一般采用集中供电方式，计算出入口车道设备内的机房负荷，监控外场设备和收费站。

2. 负载的类型

不同类型的负荷对有功功率和无功功率的比例不同，但 UPS 需要同时提供足够的有功功率和无功功率，实际的输出容量受负荷类型的限制。对于计算机级负载，UPS 基本上可以输出额定功率。如果负载是电阻性或电感性的，那么 UPS 的输出功率将下降，需要增加 UPS 的容量。

3. 潜在扩容需求

UPS 容量的配置应考虑机电设备容量的扩大，留有一定的剩余量，未来负荷增加的时候，以免再次购买 UPS。此外，尽可能选择具有并机功能的机型，整个系统具有良好的可扩展性，采用主从式 n＋1 机型，可通过增加并机来满足未来的容量要求，并在所有的并机系统负载时，必要时可通过 UPS 并机成倍扩大输出容量

三、UPS 在高速公路机电系统中的应用研究

（一）UPS 的选用

因为根据不同的标准，会涉及很多类型，且各有优缺点，这就要求高速公路机电系统配备 UPS 不间断电源时，应与实际情况相结合，如考虑公路环境是否复杂，和工作状态的电气和机械设备、精密电子，操作效率和寿命是电源与稳定性直接相关，所以选择适应国内电网、负载能力强，具有较宽的频率范围的在线式 UPS，至于其容量的确定，可以考

虑负载类型，实际的负载能力和其他因素。

（二）UPS 的使用

使用 UPS 时，应确保在清洁通风的工作环境下，避免温度影响其使用寿命，避免串联厂家、性能、容量、电池不同，以免影响 UPS 电池的实际性能。开机时接通电源开关，然后依次启动负载，其中显示器等大电流冲击负荷应优先打开，然后小负荷再打开，最后打开 UPS 面板开关，使其处于逆变状态；当它关闭时，负载、面板开关和市电供应依次关闭。在实际应用过程中，尽可能给 UPS 负载输出控制在 60% 左右，因为如果满负荷运行，可能会损坏整流滤波器、逆变器，而轻负荷运行容易导致电池损坏；如果在电源的机械和电气系统长期的稳定性来看，为安全起见，建议每 2～3 个月对市电输入进行断电操作，使 UPS 处于工作状态，等待储能不足然后报警后再恢复供电，用来提高 UPS 电池的活性，延长其使用寿命。为了保证设备在同一时间的正常运行，避免事故的发生，应连接 4Ω 接地电阻，提高接地保护的能力。

（三）UPS 故障处理

UPS 用于高速公路机电系统，可能会出现故障，如果不能有效的处理故障，是很容易为系统电源稳定性埋下安全隐患，所以如果电源中断，无法为 UPS 提供电源，导致 UPS 关机，应更换电池，使电力可以尽快恢复；如果 UPS 经常转换到旁路电源和影响稳定的电力供应，可在旁路模式集中启停设备，重新启动后，UPS 设备避免冲击电流，也可以在正常方式下逐步加载用于分散冲击电流；若 UPS 无法正常启动，应先后对其输入电压、三相输入进行检查，以此确定是否存在电压相序有误、零线与火线接反、缺相等故障，进而予以针对性的解决；如果 UPS 的实际放电时间低于标准时间，可能是充电器故障或电池的损耗，这时可通过重新放电进行验证，必要时应更换电池，但应注意先关闭电池后面板开关，然后用绝缘胶布将固定扳手包好，用于避免电流释放对人的伤害。

（四）UPS 日常维护

除了保证合理的选择，在使用过程中，日常维护也是 UPS 在高速公路机电系统的重要工作之一，毕竟公路环境比较恶劣，干扰较大，而 UPS 与机械和电气系统的监控、通信、供电和充电设备直接有关，如电压运行稳定，所以加强对其的维护具有重大的意义。这就要求我们完善的日常管理制度，定期检查和维护，如检查主机、配电、连接端口的铅电池，看是否有接触不良现象，检查电缆、柔性接头、馈线母线连接是否可靠，检查自动保护，故障指示、报警等是否正常，检查风扇电机温度、主要模块是否在正常范围内，检查内部设备是否有异常，测量温度和压力的下降是否正常等，以及时发现问题、解决问题，在此之外，还应定期对网格，散热风口进行必要的清洗，以提高 UPS 电源的可靠性，延长其使用寿命。UPS 在高速公路机电系统中的应用已经显示出了巨大的作用，相信随着科学技术的发展，UPS 将逐渐向网络化、智能化数字控制方式发展，它的自动检测、直流启动，双机热备份，过载能力强，自我保护功能会越来越完善，为机电系统提供一个更加稳定，安全和不间断的电源。

四、UPS 发展方向

（1）智能化、网络化的全数字控制方式。通过内部的 CPU 机器进行编程控制的。UPS 可以连接多个计算机系统，同时通信接口与计算机通信可以使用，使用智能化监控软件及网络协议可进行方便、高效地管理整个计算机系统。

（2）高可靠性和安全性。配备自动检测、自我保护、直流启动、过载能力高、双机热备份功能。

近年来，随着公路事业的蓬勃发展，推动了 UPS 在机械和电气系统的应用越来越广泛，这主要是由于其优势持续提供稳定的电力供应，因此，为保持电压稳定和设备的正常运行提供了重要保障，我们有必要研究高速公路机电系统中 UPS 的应用，发现不足，及时改进，更好地推动 UPS 电源为高速公路的发展和机电系统提供服务。

第九节　高速公路机电工程监控系统

针对具体工程实例，对高速公路监控系统的建设、机电设备自动巡检技术的完善和高速公路机电系统监控水平的提高加以探讨，以促进高速公路监控系统管理功能的不断提高。

高速公路机电工程种类多且涉及领域广泛，科技含量高。当前我国高速公路机电监控系统仍处在人工定期巡检的粗放式经营管理阶段，信息技术应用并不广泛，这加剧了高速公路发展建设速度的加快和安全运营水平有待提高之间的矛盾。本文结合具体工程，对高速公路机电工程监控系统的应用进行了探讨。

一、工程概况

某高速公路项目线路全长 118km，设计车速 100km/h，路基宽度为 28m。本工程由全线监控系统、通信系统、收费系统和隧道内通风、照明及供配电系统组成，项目机电工程合同属于工程总承包合同，联合设计、材料设备供货运输、交付安装、开通调试、培训等责任由投标人承担。本高速公路机电工程技术复杂且集成度与运行安全度要求较高，主要包括通风、照明、火灾预警、紧急呼救、交通检测、闭路电视、配电消防等工程组成。

二、高速公路机电工程监控系统建设

高速公路机电工程监控系统的应用能够加强对行驶车辆的有效控制，方便监管的同时推动高速公路运行效率的提升。

（一）高速公路机电工程监控系统结构

本高速公路工程监控系统包括收费站管理所、监控分站和公路管理局三个层级构成，有两处匝道收费站、收费亭及相关的道路车辆收费摄像设备全部上传至收费站管理所监控系统，各路段监控中心主要对本路段车辆收费情况和道路运行情况进行监控，并负责将所采集的图像视频信息传输至分中心，由省公路管理部门进行统一管理，并将视频影像信息传输至省监控中心。

1. 场外主线监控系统

场外主线监控系统包括高速公路场外摄像设备、车辆检测仪器、LED 信息发布屏和可变信息标志等设备构成，高速公路机电工程中配备多色度监控摄像机和车辆道路检测系统，将所拍摄的数据影像信息实时传输至监控中心系统，通过计算机进行数据信息参数的分析和处理后对道路运输情况和车辆状态加以评价，自动生成控制预案，并将预案传输至场外设备（如可变信息显示设备、路侧广播、电子屏等）实时发布，通信系统通过采集和有效传输交通信息进行高速公路机电工程监控系统的连接和管理。

2. 隧道监控系统

隧道监控由交通信号灯、道路车辆检测装置、道路标志标线、出入段光强检测仪器、火灾预警系统等组成，隧道火灾预警系统比高速公路其他火灾预警系统具有更加敏锐的烟雾温度感应能力，如遇火灾，预警系统便会发出警报，并将信息实时传送至监控中心，电气设备电源自动切断，防止损失的进一步扩大。隧道监控系统与控制器由网络连接，可以将监控设备所搜集到的视频影像信息实时传输至配电房和通信站，再将数据信息传送至监控中心。

3. 监控中心

高速公路监控中心包括计算机网络、视频影像采集系统、监视器系统和不间歇电源、操作台等部分，监控中心的计算机网络可以实现数据信息的实时传递，由此形成高速公路信息采集与传输监控以太网（Ethernet），收费闭路监视监控系统和计算机无线控制系统。

高速公路运行过程中离不开气象监测、道路车辆检测和摄像设备，以便对于路况信息、天气状况和车辆运行情况信息进行大数据收集分析和加工处理，高速公路通信、收费、路段监控用电、养护用电、照明等均属耗电方面，所以供电系统始终贯穿高速公路机电工程所有分部分项工程，本工程电力监控系统设计主要采用分布式设计模式与单模光纤所组成光纤环网的主干管理，在电力管理设备较为集中区域通过现场子网加强高速公路机电工程电力监控，工程电力监控系统主要包括配电站、通信系统及数据传输线路、监控中心等部分。

（二）高速公路机电工程监控系统方案

结合本高速公路工程实际及其机电设备与全过程监控系统的网络连接状态，其监控设备分为全过程监控网内部设备和外部设备两类。定期自动巡检方案主要适用于全过程监控网络包括情报显示器、检测气象和事件装置等设备，此类设备本身也时刻处于全过程监控范围，通过预先设计的巡检软件将其搜集到的数据图像视频等信息借助网络实时传输并检测机电设备运行状态，结合数据分析结果对潜在故障进行初步诊断和预警，该系统进行故障检查时将对外场设备断电、外场设备故障和通信链路故障等进行提示，并对监控系统服务器和情报板通信等系统失效发出预警。这种自动巡检系统简便经济，硬件投入较少，但是对自动巡检软件功能及其精准性要求较高，必须针对工程实际进一步完善其故障查找、定位和诊断功能。

此外，本工程隧道部分采用嵌入式远程自动化监控系统技术，主要用于高低压配电、场外电力电缆及其余场外设备等未连接全过程监控网络的机电工程设备，通过嵌入式远程监控技术保证设备运行状态数据的采集与预处理，并运用嵌入式实时通信技术模块对场外设备实时监控的实现。

三、高速公路机电系统监控关键技术

（一）自动巡检技术

高速公路机电工程自动巡检监控技术能实现场外设备运行状态数据的定期收集，对其运营状态实时监测并预警，通过系统的专家诊断功能，对故障所在位置进行精准定位、提示及性质的判断。自动巡检技术工作时首先比对和判断巡检间隔时间的合理性，如果间隔时间不合理则自动返回初始状态重新定位间隔时间，重新进行自动巡检，并结合检测对象属性调用适用的检测程序，最后将所采集到的车辆道路信息提交专家诊断程序，并选择诊断故障的基本方法，诊断后出具巡检结果报告，红灯表示预警，黄灯表示危险，绿灯表示信息正常。

（二）网络传输技术

高速公路机电设备的远程监控必须借助内嵌式通信模块发挥功能，为便于机电设备与远程数据网络传输系统实现有线或无线连接，本工程机电设备接口设计了光纤网接口、以太网接口和无线通信接口等各种通信接口以及辅助性配件，如遇通信网络故障或中断，机电设备状态信息将自动存录于监测设备，直至网络故障恢复后信息将自动上传。这种嵌入式网络传输技术是传统网络技术与监控技术的有机结合，能够确保所有的机电设备上网与信息处理功能的完善。嵌入式网络远程监控与传输技术主要由监控终端系统（即服务器）、数据传输系统以及场外设备监控系统三个相互独立而又自成体系的模块组成，分工协作共同完成高速公路运行信息的采集、分析与管理。

（三）监控技术硬件体系

高速公路机电工程监控系统硬件体系由特征信号归类提取模块、现场监控设备、执行器组、信号调理与缓存、数模信号传送器及嵌入式系统通信接口等部分组成。特征信号归类提取模块主要根据机电设备性能自动抽取设备特征信息并归类处理，为传感器型号的选定和监测点的布设提供便利。通信接口模块则是高速公路机电工程监控信息采集的核心设备，该系统将模拟信号值转化为数字信号并将其传输至嵌入式控制器，便于信号分析。小型数据库模块则将所采集的数据和历史故障信息统统保存在数据库中，通过数据的比对与分析，为常见故障提供完善和优化策略，也可以利用远程传输将数据交由远程服务器处理，充分发挥已有的硬件及网络资源优势，监控中心服务器功能较为具体，采集数据分析指令，切换通道指令并进行信号收集、数据分析、存储，完成网络通信。

高速公路机电工程监控系统是公路管理方加强监管完善服务的重要手段，必须在高速公路建设的同时不断完善监控系统技术，不断加深对机电系统建设和管理认识的深度，正确处理公路管理方、使用者和收益方之间的利益关系，在确保高速公路极大促进区域经济发展的同时，为高速公路监控系统管理功能的不断成熟服务。

第十节　机电工程暖通设备故障

近年来，我国建筑行业的发展十分迅速，人们生活水平日益提高，对建筑工程的要求也越来越高，建筑工程朝着绿色、节能、智能方向发展，这都需要建筑企业保证工程具有良好的质量和性能。建筑结构是坚实的骨架，机电是流淌的血液，而在机电工程的暖通设备中，由于受到诸多因素的影响，还存在一定设备故障，对机电工程性能产生了很大影响，下面本文就针对机电工程暖通设备故障进行分析，并提出一定的设备故障应对措施，希望对暖通系统运行管理提供帮助。

暖通系统是机电工程中的重要组成部分，是机电三大专业（水电暖）中相对复杂且摸不着、看不见的，对调节建筑室内空气指标，促进人体健康方面有重要的作用。暖通设备是系统核心，但是在暖通设备运行中，还存在诸多的故障类型，这也导致其运行的性能产生影响，为了保证其能够稳定运行，就需要对暖通设备故障类型进行全面的掌握，对故障产生的原因进行深入的分析，并积极采取有效的措施来进行设备故障的处理和防控，这也是暖通设备运行管理中的重点内容。

一、机电暖通工程概述

机电暖通系统主要负责室内的新风输送、排风和空气的温湿度调节等，实现功能需求的就是暖通设备。机电暖通系统主要具备换气、调温、通风等三个核心的功能，在各类的建筑物中都能够进行使用，特别是在一些工业厂房和商业设施中，是必备的系统，暖通系统涉及了流体力学、热力学、流体机械、通风和制冷等内容，是机电领域中重要的科学学科。

二、机电工程暖通设备故障

（一）温控故障

在某机电房中，主要是卧式暗装的风机盘管类型，其靠门一侧呈现出很冷，但房间的温度则达到了 26-27℃，这就说明整个机房的内部温度是不协调的，即温控故障。对于这种故障的处理，主要是进行空调百叶的调整，使用双层的可调节百叶就能够实现温控效率的提升，保证机电厂房的内部温度具有良好的状态。

（二）热风故障

热风主要是进行室内的温度提升，是暖通系统的自动操作，通过对室温调节和空气的转换来进行温度的提升，暖通热风故障就是指热风的传送和传输故障，在某个机房顶部的散流器进行送风和集中回风中，会出现冬季的热风不下来，从而导致吊顶下的区域温度达到了 20 ~ 24℃，而人流的区域温度则只 12 ~ 13℃。出现这种故障的原因，主要是因为散流器的平送送风，会于送风口位置形成相应气流的贴附，导致热风在上而冷气在下的情况，使室内的温度出现严重的层化。

（三）气流故障

气流故障主要是气流不能达到发热的地点，在某个机电房的空调器中，其冷负荷可以满足机器发热量，但机器的后面超温的报警器还是会常响，导致计算站被迫停止。出现这种故障的原因主要是由于机房的空间比较小，在设备的显示温度是 24℃的时候，则室内的实际温度才 20℃，其发热的设备过于集中，而气流是不能达到主机后面，无法将计算机所发热量带走，使机背后温度快速达到了允许极限，进而出现超温的报警器发生动作。面对这种故障，可以于机房主机后面加设 1 台或者 2 台的空调机，来增加气流调控的速度，防止故障的发生。

（四）短路故障

暖通空调的工作荷载逐渐增大，会导致送回风的气流出现短路故障现象，在某个机房中，于吊顶区域进行风机盘管的均匀布置，但送回的风口还是使用同尺寸散流器，这就会造成室内的温度梯度比较大，导致热风不下来。这种故障出现的原因，主要是因为送回的风口太过于接近，会有一半送风量被直接的吸入到回风口中，导致短路。对于这种故障的处理，可以于送风口散流器的顶部加设一盲板，让回风口的一侧没有送风的气流，尽管送风口气流的速度是一定会增加的，但并不会有噪声产生，实现对室内梯度温度的解决和控制。

（五）结露滴水现象

空调系统运行中往往会存在结露滴水现象，导致这种现象出现的原因也有很多种，比如管道的安装与保温存在问题、管道管件与管道设备等连接存在不严密情况，还可能由于冷凝水的管路太长导致安装中的坡度难以保证，使冷凝水管出现倒坡而形成滴水情况，另外，还可能空调机组的冷凝水管由于没有在负压处设置水封导致机组空调的冷凝水不能有效排除。

（六）空调水循环故障

如果空调水系统存在故障，就会导致供暖通风任务不能有效地完成，水系统的循环通畅也是保证暖通空调相关设备运行的必要条件，但是实际的空调系统水循环中，还存在一定的故障问题，在空调水系统的循环中，一般常见冷冻的水系统其循环管道存在不通畅的情况，导致这种故障产生的主要原因是管道存在交叉情况，还可以能是水系统的管道存在不清洁情况，导致水循环的阻碍。

三、避免机电工程暖通设备故障的措施

（一）加强设备的维护

在机电工程暖通设备的应用中，可能会受到诸多因素的影响，导致其设备出现故障，比如暖通设备存在老化、人员的操作不当以及管理体制的不规范等，都可能造成暖通设备的安全隐患，甚至对一些主控的设备，抢修和更换都是比较麻烦的，因此，为了防止暖通设备的发生，就需要加强暖通设备的维护。对于落后老化的暖通设备要进行及时的更换，保证其具有良好的性能，对于故障设备要进行及时处理，并对故障处理后的使用情况进行监督，保证其切实没有故障，另外，为了全面实现对暖通设备的预防，还需要建立严谨规范的设备维护体系，将日常检查、定期维护以及重点维护等方式进行有效的结合，来对设备故障进行全面的控制，降低故障的发生率。

（二）引进智能防护技术

随着信息科技技术的发展，越来越多的智能检测技术为暖通设备的故障检测和安全防护提供了良好的条件，因此，想要实现有效的暖通设备故障控制，就可以引进智能防护技术。在电缆线路和机电暖通设备的控制运行存在不协调的情况，就会出现供电信号的不正常情况，导致不能正常得到感应而影响调度的效率。

综上所述，机电工程暖通设备对建筑空气和温度的调节具有重要的作用，为了保证其具有良好的性能，就需要全面掌握暖通设备的故障类型和原因，并采取有效的措施进行设备故障的预防和控制。

第十一节　机电工程中压缩机的安装施工工艺

我国现代化发展进程中，机械、建筑、电力、冶金、石油化工等多个领域都涉及机电工程；机电工程包含设备、管道、电气、自控、防腐、绝热、炉窑砌筑等；压缩机作为典型的传动机械设备，其重量大，结构复杂，高压高转，是整个装置系统的核心，关系到人身和财产安全，如何做好压缩机安装施工并保证质量意义重大。

机电工程是按一定的工艺和施工方法，将不同型号、规格、性能、材质的设备、管道、电气和自控元件等有机结合在一起，形成具备一定使用功能的单元。各类机电设备因性能、用途、结构、施工条件及复杂程度不同，其施工工艺也不尽相同，压缩机在机电设备中具有一定的代表性，其技术要求高，受人员操作水平和熟练程度影响大，本文重点阐述活塞式压缩机的施工工艺。

一、压缩机情况分析

压缩机较为常见的有活塞式压缩机，螺杆式压缩机，离心式压缩机等。活塞压缩机一般由壳体、电动机、缸体、活塞、控制设备及冷却系统组成，冷却方式有油冷和风冷、自然冷却三种，活塞压缩机工作原理是气缸以及气阀和活塞所构成的容积变化来实现做功的。

二、活塞压缩机施工工艺及措施要点

（一）准备工作

熟悉图纸、随机资料及有关标准、规范，做好与生产厂家、建设单位的技术交流；准备施工场地和人员、机具、辅助材料；做好设备开箱与基础验收，检查随机资料及专用工具是否齐全；对机组零部件进行检查，核实零件的品种、规格及数量；重点应检查基础的表面，干净且不可以有龟裂、空穴、露筋等问题，地脚螺栓预留孔内清理干净不得有杂物、油污；基础上用墨线弹出纵横坐标线和标高线，基础尺寸位置准确符合图纸设计。

（二）基础处理

采用座浆法施工，在设置垫板的基础部位凿出座浆坑，座浆坑的长度和宽度应比垫板长度和宽度大 60 ～ 80mm，座浆坑凿入基础坑的深度不小于 30mm，且座浆层的混凝土厚度不小于 50mm。

（三）设备粗找与一次灌浆

压缩机就位后进行粗找，水平偏差为 0.05mm/m，对轮同心度偏差为 0.05mm/m；将孔洞内杂物等吹除，用水充分浸润混凝土坑 30 分钟，除尽坑内积水，在坑内涂刷一层薄水泥浆；将搅拌好的砼灌入坑内，砼表面呈中间高四周低的弧形，以便放置垫板时排出空气；待砼不再泌水或水剂消失后放置垫板，用木槌敲击垫板面，使其平稳下降，敲击不得斜击，以免空气串入垫板与砼接触面之间；垫铁采用一平二斜垫铁，垫铁之间应无缝并用 0.05 mm 塞尺检测，塞尺塞不进为原则。

（四）活塞压缩机安装

（1）机身施工工艺：机身就位在基础上，采用水准仪测量主轴孔来找正机身的纵向水平度，测量中体滑道修正机身横向水平度。纵向水平以两端轴承孔为基准，横向水平以滑道前后端为基准。机身地脚螺栓在双向分别均匀加力紧固，调整横向和纵向的水平度至满足要求。每一组垫铁放置后采用点焊将其固定，需注意不能将垫板与机体焊接，完成垫铁和调整水平度后，需及时进行二次灌浆，最长不宜超 24 小时。

（2）曲轴施工工艺：压缩机壳体轴承孔下轴瓦安放完毕后，将曲轴进行清洗洁净，吊装时采用专用工具进行，以确保水平，平稳放在轴瓦上。测量轴瓦和轴颈的接触面，接触面的角度约达到 120 度最好，但最少不宜小于 90 度。如发生接触不良需更换轴瓦，原厂轴瓦尽量不进行现场刮研，如情况不严重也可适当进行刮研局部。将轴承盖安装并紧固完成，测量曲轴水平度，其偏差值不能大于 0.1mm/m。

（3）连杆和十字头施工：先将十字头、十字头销、连杆体、大小头瓦的油孔清洗干净。安装过程中及时覆盖保证中体滑道清洁。各部位径向间隙应符合规定。当十字头和连杆连接完成，应保证连杆体自由灵活摆动，不能出现卡涩情况。

（4）气缸和接筒施工：气缸找证以中体滑道轴心线作为基准面，调整各级气缸的中线，同轴度达到要求。确保气缸倾斜朝向与中体滑道的倾斜朝向相同。采用修正气缸支承、刮研气缸和接筒、接筒和中体，中体和机身之间接触面进行修正。气缸各连接螺栓应对称并均匀地紧固。

（5）填料的安装：首先对填料的零件进行清理，确保没有脏物和油污。按要求装好填料密封室，接通冷却水管路，修正调整密封环等轴向的间隙。

（6）活塞施工：对活塞杆进行检查，其摩擦部位应无划痕、碰撞情况。如发现轻微破损、缺陷，可以适当采用油石、纱布来稍加处理。然后对活塞体和活塞环清洗，确保活塞环能灵活转动在槽内，如活塞环有不同切口则交叉安装。装零件时候，活塞杆的尾部需涂润滑油并安装填料保护套，再穿过填料和十字头相连；其他部分的联接按说明书进行。

（7）活塞与活塞杆的安装：安装及拆卸步骤按出厂资料进行，超级螺母紧固时不允许一次性将超级螺母的单个螺钉紧固到额定扭矩；拆卸超级螺母时逐步卸去每个螺钉的扭矩，不允许一次性卸掉某一个螺钉的全部扭矩。

（8）气阀施工：先对气阀进行彻底清洗，要对其密封面进行防护，气阀安装时，对阀片升程测量，保证其零部件完整，将相连螺栓均匀紧固，吸排气阀位置不能装错。

（9）润滑管路施工：首先要进行循环润滑管路及零件的清洗和吹扫，洁净无误后进行安装，保证润滑管路和系统稳定。

（10）电机施工：检查验收电机基础确保无误，复核电机主轴与压缩机主轴之间的相对连接尺寸，依照电机出厂资料安装。找正压缩机主轴和电机主轴的同轴度时以压缩机主轴作基准，通过调整电机垫板进行，保证同轴度偏差不大于0.05mm，检测合格后紧固电机的法兰螺栓。

（11）辅机及管路施工：因辅机有出厂合格证明文件，可不再打水压。配套管路根据图纸设计或压缩机厂家所带的管路图施工。

压缩机作为系统的核心设备，在生产运行中起着至关重要的作用，发生危险和事故的时候，会引起较大的经济损失及人身伤亡，对此要求在安装过程中，严格按照施工工艺，遵循标准规范、图纸设计及出厂说明资料，才能确保压缩机顺利投运，安全平稳运行，创造更好的经济效益。

第十二节　工程计量管理在高速公路机电工程中的应用

随着我国科技经济的不断发展，我国的道路建设也得到了很大的发展。公路电气工程和机械工程的实施，逐步改善了高速公路机电建设中计量工程管理的现状，促进了我国高速公路现代化的发展。在高速公路工程和电气建设的同时，它将促进我国交通运输业的发展，改善人们的出行环境。本文介绍了高速公路机电工程建设的工程计量的重要性，并提出了改善当前问题的策略，以期为我国高速公路的发展做出积极贡献。

在高速公路的机电工程建设中，工程计量管理在其中具有非关键的作用。该系统使用科学原理改进电气和机械工程的管理，包括规划、组织和分析。高速公路建设必须利用很多领域的技术，包括机械技术、计算机工程、电子、土木工程等，通过综合运用这些技术，确保高速公路开展电气工程和机械工程建设工作顺利开展。工程计量管理作为道路建设的电气工程和机械工程核心，必须不断完善管理，优化技术计量管理和计量管理的结构，使项目得以广泛应用于机电工程建设。

一、工程计量管理的重要性

工程计量管理起源于美国，是第二次世界大战后建立的一种新的管理技术。在资源有限的背景下，设置关于工程计量管理的思路和方法，能够更有效地管理工程计量管理，实现项目价值。工程计量管理必须对各种因素全面捕捉和排序，系统地规划系统、人员和工作方法，以完成项目工作到指定的程度，并完全控制项目从投资阶段到项目完工的所有过程，一直到结束。一般来说，工程计量是指在施工项目期间，由项目承包商的现场监督员完成，确认部分项目的数量和金额，然后，承包商按照合同的有关规定和确认的项目价值支付应得的价格。工程计量管理工作中测量工作以相应的合同条款为依据，其中员工必须准确检查和总结技术零件清单中已完成的合格项目的数量。付款是指承包商在完成技术测量工作后收到主管签发的付款证明，并且业主收到代理人签发的付款证明。工程计量管理在为高速公路建立高科技机电工程解决方案时，必须以统一的方式配备人员和设备，以建立有效的项目管理和控制系统。在保证职业安全、提高员工积极性的前提下，完善相应责任制，保证高速公路机电工程高效完工。

二、高速公路机电工程中的工程计量管理存在的问题

（一）忽视投资者满意度

传统的工程计量管理通常只考虑施工时间、预算和性能是否符合高速公路机电建设标准，忽视投资者是否满意。从某种意义上说，工程数据的各个方面基本上都能满足投资者的合规要求，事实上，投资者的满意度应低于绩效指标的要求。这里有一个案例能说明一些信息，解释了传统的工程计量管理忽视了投资者满意度的情况。在道路施工的电气工程中，他的应急电话系统采用了法国的 Alcatel，但从其引入的紧急呼叫系统，出现了各种背景噪声上下端的大分支扩展声音最小的问题，工程计量管理方面也是这样的情况，并安排现场驻地工程师和处理，但一年后没有找到解决。因此，投资者技术测量部门要求法国 Alcatel 公司派遣相关技术专家进行处理，但这个问题没有得到解答。认为这些设备符合合同条款，因此他们不会处理这些设备。实际上，这些设备确实符合合同中规定的最低标准，但实际考虑道路交通噪声等问题，设备不能满足日常工作要求。经过一年半的咨询，工程

计量管理方同意 Alcatel 在法国的专业技术人员解决问题。在短短两天内，问题就解决了。在道路和项目的建设过程中，目前存在许多这样的问题。因此，项目管理在进行工程计量时应注重客户的满意度，真正做好高速公路机电工程建设工作。

（二）缺乏对风险管理的认识

传统的工程计量管理主要是对运营商的建议提出了相对较高的需求，事实上，如果过度关注这些资源将相应地减少其他要求。预计测量通常是不切实际的，因为管理问题高，不切实际，更多是因为缺乏风险管理意识，导致工程计量项目管理失败。对于目前高速公路电气工程和机械工程的建设，所使用的设备一般基于国外进口，进口设备正在逐步进入该部分。往往由于一些原因而出现延误，这是导致不能按时完成的重要隐私。因此，要提高相关法律知识，对工程计量加强管理，提高他们对风险的认识，确保高质量、高效率地完成高速公路电气工程和机械工程的建设。

（三）受限于行政区域的制约

电气工程在道路施工工程计量管理中通常具有较少的问题要求，这样，工程计量管理的技术人员只能在规定的范围内完成工作，严重制约了管理人员的工作能力，不能更好地实现宏观调控。在提供人员使用和财务方面，工程计量管理人员的工作直接受到影响，导致高速公路电气工程建设的进展不能顺利进行，而对于技术质量保证是有限的。因此，工程计量管理人员要确保其能够发挥足够的能力来实施工程计量，不再处于被动局面，保证资源的合理分配，推动高速公路电气工程的建设进度顺利进行。如果工程计量活动领域受到严重限制，这将影响对投资者提供的服务质量，不能保证高速公路机电工程的有效实施。

三、工程计量管理在高速公路机电工程建设中的应用分析

（一）增强风险意识，不断优化工程计量管理结构

通过对工程人员的工作能力来优化结构，正式管理安排具体项目，对项目工作进行适当的分配和安置，确保人员工作的有效实施，同时确定每个人的目标，然后激励员工努力工作，以提高他们对高速公路机电工程建设的积极性。工程计量管理优化了机电工程的设计和构造，采取机电设计的科学方法进行项目管理的具体内容，合理运用设计规划，保证设计工作建筑工人、电气工程和机械工程完全按照高速公路工程计量要求进行管理，结合蓝图优化现场施工，增加工程部件的工作量，提高施工人员的积极性。同时，提高施工效率，缩短公路电气工程和机械工程施工时间。

（二）突破现有限制，高质量完成高速公路机电工程建设

高速公路的机械和电工设计不仅要求技术产品的完美设计，还要保证科学合理的设计过程。健全的质量保证体系不仅能满足投资者的需求，还能给他们一个良好的声誉。质量安全作为衡量机电工程道路建设的主要标准，工程项目要求各部门的计量管理部门对每个过程进行全面控制，建立完整的过程监控系统，确保其有效连接并确保质量。通过分析以前的工程计量管理工作，可以密切监控容易出现质量问题的部分和流程，从而有效地捕获质量问题。机电计量中道路建筑材料的质量也得到保证，这决定了项目的质量。高速公路施工中的机电测量管理还在保修期的前提下接管施工过程的规划和控制，掌握施工进度，提高施工质量，保证质量和时间。根据投资者的需求，进行控制和质量保证，促进中国公路的建设和发展。如果因素影响施工期，应及时采取措施，确保公路建设顺利完成。

（三）提高投资者满意度和合理控制成本的重要性

在整个施工过程中，建筑单位应合理规划蓝图，按质按量的高规格完成线槽和电缆桥架安装、电缆敷设、配电箱等电气设施的安装。此外，工程计量管理的实施可以更好地控制设计成本。特别是在以下几个方面加强管理和控制，项目管理人员应衡量自己的固定采购渠道，以降低采购成本；设计单位应妥善配置施工人员，提高施工队伍的工作效率，减少资源浪费。最重要的是，项目管理人员应认识到施工设备的重要性。高速公路建成后，施工设备应保证良好运行，以便在公路机电建设中发挥应有的作用，实现控制和节约成本。此外，技术计量管理人员应以投资者的满意度为指标，积极满足投资者的需求，做好公路建设的机电工程管理工作。

总之，应该指出的是，在高速工程工程领域，进行工程计量管理非常重要。机电高速公路的建设主要基于多个领域和多项技术的广泛使用，工程计量管理要合理配置人员进行相关的工程操作，使公路电气和机械工程能够快速，高效地完成高质量和高质量的工作，并在完工时得到产品质量的安全保证。作为高速公路机电工程的核心，工程计量管理必须不断提高工程计量管理的内容，优化工程计量管理结构，为我国高速公路机电工程建设提供有效的保障，不断促进我国高速公路的建设和发展。

第二章　机电工程的应用

第一节　高速公路机电工程的应用

随着我国公共基础设施建设速度的加快，各种交通运输的速度得到了快速的提升，虽然航空和铁路运输量不断增大，但是公路运输仍是我国的主要运输方式，传统的公路已经不能够满足当前的运输需求，导致高速公路建设工程日益增多。为了能够确保高速公路顺利通车，本文就高速公路当中机电工程进行了深入的分析研究，就高速公路机电工程的应用情况、存在问题和解决措施进行了阐述，旨为提高高速公路机电工程质量提供帮助。

高速公路系统工程建设的重要组成部分之一就是高速公路机电工程，其包括通信、收费和监控三大系统还有照明等其他组成部分，监控系统负责整理、搜集，交通事件、路况信息、天气信息等；收费系统则是城市联网收费的基础所在，完全体现收费政策；照明、配电系统为市民提供有效帮助并且为机电工程的运行提供助力。这是一项较为复杂的系统工程，也是电子、自动控制、计算机等技术的综合性应用，是保障高速公路正常运营的重要手段，更是确保高速公路安全、高速、舒适的必要组成部分之一。

一、高速公路机电工程的现状

当前，机电工程应用在高速公路中主要有四个系统构成：照明系统、通信系统、收费系统和监控系统。据统计，在高速公路施工项目当中机电工程仅占1%左右。但是机电工程具有管理难、项目多、施工晚、工期紧的特点，每个施工环节的情况各不相同。主要是因为高速公路当中机电工程一般都是在高速公路各项工程完工之后才进行的，如果机电工程快速竣工，那么高速公路就能够快速投入使用。

二、高速公路机电工程的主要问题和应对措施

据统计，我国当前高速公路建设当中机电工程检测项目中扣分最多的就是：个别指标、性能偏低，外国不符合要求，个别施工不合格等。本人就多年从事相关工作的经验，结合

其他先进做法，就高速公路机电工程应用出现的问题和措施进行研究分析。结果如下：

（一）严把时间关

因为机电工程具备的上述特点，机电工程通常都安排在整个工程的收尾阶段，所以会面临任务重、时间短的情况。高速公路施工项目需要大量的资金投入，施工是一项很复杂的项目，每天都需要花费巨额的资金，如果工程因为各种原因出现延误工期的情况，那么不仅会浪费大量的资金，还会延误交工时期。只有确保机电工程施工过程中顺利进行，才能够保证在规定时间内圆满完成施工任务。

（二）严把设备关

机电设备是机电工程的核心内容，设备的质量直接关系到工程的施工质量，在使用设备选择上要进行严格的把关，要充分考虑高速公路工程的特点和要使用设备的要求，选取最合适的机电设备。在对设备进行安装之前还要对设备进行抽查，查看设备质量是否符合工程标准，确保质量合格。如果在抽查过程中发现不合格设备，坚决不能够让其应用在高速公路建设当中，要查找不合格的原因所在，对相关责任人进行追究责任，严格控制好设备的质量。

（三）严把预检关

对机电工程进行检验主要分为两个部分：第一对机电工程的总体质量进行检查；第二是对监控系统进行重点检验。所以，在安装机电设备的时候要将监控系统作为工作重点，因为监控系统安装的线路较长，施工距离远，如果一个点的线路出现问题，那么整个监控系统将无法对公路进行检测，且对问题点的排查十分困难，需要动用大量的人力和物力。监控系统安装之后要进行预先检查，防止出现纰漏。

三、高速公路机电工程的主要施工措施和技术要求

（一）施工前的准备措施

在工程施工之前要充分做好准备工作，特别是对机电设备的检测和维护工作，确保设备时刻保持最佳状态。具体的工作包括物资准备、人员准备、技术准备、现场准备，等等。其中，物资准备指的是施工过程中需要使用的材料、设备等，确保施工时不因缺少物资而延误工期；人员准备指的是施工过程中需要的人力资源，具体有记录人员、搬运人员、技术人员、后勤人员、等等，这些人员都是确保工程顺利进行的有力保障，尤其是技术人员是工程质量的保证；技术准备指的是工作人员要熟练掌握自己符合工序的图纸要求和设备安装要求，了解自己工作所使用的各项技术特点，并且要对图纸中不合理的地方进行及时

指证，请图纸设计人员进行研究，直到各项技术确认无误为止；现场准备指的是为了确保工程顺利进行，要提前对施工现场进行清理，为施工创造良好的环境，具体包括搭建工棚、平整场地、清除垃圾障碍、接通水电、等等。

（二）施工当中的主要技术要求

机电工程的施工是一项很精细的项目，安装的机电设备都是一些精密仪器，如果搬运或者安装过程中出现剐碰都很容易影响设备的使用。所以，在施工之前要对各个环节进行技术较低，确保严格使用各项技术。在施工的时候，要按照施工对象的不同进行区分对待。例如，对施工场地的要求，施工现场要对每个机电设备开展清理工作，对人资进行合理分配，使得工程能够有序进行。具体的还有施工工具的准备、穿线管的清洁度、导线的种类、等等。一些技术都非常的细致，例如穿线管内穿线的总面值不能超过截面的 40%，暗装箱箱盖要紧贴墙面，等等。

高速公路机电系统的应用对高速公路竣工之后的使用至关重要，高速公路建设完成之后，其他项目通过验收之后就可以完全竣工，而机电工程则需要经常性的对机电设备进行检修工作，确保各种机电设备能够良好运行。机电设备的运行对高速公路的管理工作起到关键的作用，因为高速公路不能够像普通公路那样进行管理，高速公路不允许行人进入，车辆进入之后除特殊情况不允许停车，这就导致高速公路的管理工作必须要运用高科技的手段，而机电设备正是科技手段的体现。

第二节　以质量监控为目标的机电工程应用

一、工矿企业机电工程质量监控概述

所谓质量监控，是指对工矿企业施工单位的监督管理工作，使其能够按照规定的标准进行各项施工作业，从而提高工矿企业单位质量监控水平。工矿企业机电工程涵盖的学科范围比较广泛，需要运用多个领域的知识，专业性很强，综合性很高，一不注意，就会出现质量问题，对工作人员的人身及财产安全带来严重的损害，给单位带来很大的经济损失。因此，对其进行质量监控，是实现机电设备正常运转的关键，也可以在很大程度上推动工矿企业工业的进步，同时，它是工程项目的重要组成部分，提高了机械化和自动化水平，在提高工矿企业产量的同时，还能减少工作人员的劳动量，很大程度上节省了人力、物力与财力，在实践过程中具有十分重要的指导意义，因此，我们应该认识到工矿企业机电工程的重要性，对其质量进行严格控制。

二、机电设备安装工程的特点

机电设备安装工程是工矿企业企业施工过程中的一个重要环节，对工作人员的人身、财产安全有着十分重要的影响，对企业的经济效益也十分关键。总的来说，它有以下特点：

（一）受到工矿企业周围环境的影响

安装工程中运用的大功率设备很多，工矿企业一般都处于人烟稀少、地质恶劣的环境中，生产条件却比较严峻苛刻，而机电设备频繁震动，损耗程度比较严重，工作效率和生产效率逐渐低下。

（二）涵盖的学科范围广泛

涉及的专业领域比较多，综合性很强。机电设备在类型上、品种装置上以及安装流程上存在着很大的不同，涵盖的学科范围广泛，设计到不同的专业领域，综合性很强，这就需要单位引进、培养大量的专业技术人员。

（三）大型的、笨重的机电设备越来越多地被应用

安装工程的规模比较大：随着工矿企业工业的日益发展和科学技术的大幅度进步，对机电设备的依赖程度也越来越强，机电安装设备的装置日益庞大笨重，这就需要运用大量的大型的运输设备，同时，对吊装技术的要求也越来越高，使得安装工程的规模变大，标准变得严格。

（四）安装工程工期较长

安装工程的工期长并且涉及新材料、新技术等需要有新的、专业的技术指导：在安装过程中，有很多大型的、精密的设备需要操作，对安装的技术含量提出了更高的要求，检测技术越来越复杂，在面对新工艺、新材料等情况时，需要有新的专业技术指导，使得安装工程的工期很长。

三、关于工矿企业机电安装工程质量监控的几点建议

（一）对承包商的资质进行严格审查，对其安装工作进行全程监督

在进行工矿企业机电安装工程时，应该对其整个过程加强监督，包括安装前的招投标过程、安装中的质量监控环节以及安装后的质量把关。首先，在招投标过程中，应该杜绝暗箱操作，根据机电设备安装工程的特点与其对施工条件的要求，对承包商进行合理选择，对承包商的资质进行严格审查，在众多对象中，选择机电设备安装经验丰富的、具有完善

的施工组织、拥有很强的施工技术的、能达到工矿企业单位施工标准的承包商。在承包商进行机电安装工程的过程中，应该对其安装工作进行全程监督，定期派遣管理人员进行巡查，确保严格按照规范进行操作，以保证机电设备安装工程的质量达到招投标文件和合同的标准。在安装完成后，应该派遣专业人员进行工程检查，以确保质量过关，减少不必要的失误。

（二）建立健全质量监控体系，完善质量检验工作制度，加强质量管控力度

在机电工程质量管理部门设立专门的质量监控小组，建立健全质量监控体系，形成一套科学完善的质量检验工作制度，对承包商的质量保证体系进行严格审查，对事前技术报告进行严格审批，对承包商提供的施工组织设计、施工技术措施设计和设计图纸进行严格审核，在遇到变更设计或更改图纸的情形时，要进行重新审核工作等，严格监管安装质量。在进行安装工作时，应该分清主次，对动力源和提升设备进行科学合理的安排之后，要求严格按照设计进行规范施工，减少返工次数，并且要按照常规安装方式对设备进行安装，不能急于求成、颠倒顺序，否则只会达到适得其反的效果，使尾工量大大增加，拖慢安装工程的进度，给单位造成一定的经济损失。

（三）对于安装前的图纸设计严格把关

"工欲善其事，必先利其器"，因此，在进行机电安装工程施工的图纸设计时，应该对施工环境进行深入调查，科学设计施工图纸，尽量减少与安装工程的冲突，制定合理的施工方案，只有把这两步做好了，才能达到事半功倍的效果。接着，质量监控部门应该加强对施工图纸和施工方案的审核力度认真研究图纸之间的关联，确定彼此之间的关系，在进行每一个安装环节时，重新对图纸进行审核，并保证其与上一环节、下一环节能够完美衔接，对于出现冲突的地方，要通过集体讨论的方式最终确定解决方法，并对其及时进行调整，保证安装质量达到安装技术标准，确保机电安装工程的安全性。

（四）协调好安装过程中的各个环节，对安装质量严格要求

工矿企业机电设备的安装涉及多个环节，没有想象中那么简单，相反，是十分复杂的，主要历经井下的运输、安装和调试等过程，这就牵扯到多个施工单位，因此，质量监控部门应该处理好各个单位彼此之间的关系，及时进行沟通与交流，使安装过程中的各个环节能够协调好，实现无瑕疵衔接，并对安装质量进行严格要求，加强设备的验收环节，使安装工程实现完整性与高效性。而且，安装完成后的后续工作应该及时进行，定期对机电设备进行检查、维修与保养工作，严格按照操作流程和安全规章制度进行，减少安装过程中的失误，确保机电设备安装的质量，避免带病作业，尽量避免安全隐患，从而减少安全事故的发生，为工作人员的人身及财产安全提供强有力的保障，为单位带来更大的经济效益。

虽然我国的工矿企业有了很大的发展，科学技术也为机电设备带来了很大的进步，但

是，总的来说，我国的工矿企业生产设施还不是很完善，机电设备的安装过程涉及很多学科与专业知识，综合性和技术性很强，陈旧的安装方法已经不能满足其标准，也会出现很多安全隐患。因此，要对机电设备安装工程进行严格的质量监控，做到安装前、安装中与安装后的管理监督，从对承包商的资质审查开始，到对图纸设计进行严格把关，再到安装过程中的各个环节的协调工作，最后建立健全监控体系，对安装过程进行全程监督，确保安装质量达到招投标文件和合同的标准；定期对机电设备进行检查、维修与保养，避免带病作业的现象，要求工作人员严格按照操作流程和安全规章制度进行，保证实效性和安全性，从而减少危险事故地发生，确保工作人员的人身及财产安全，为单位带来更大的经济效益。

第三节　交通运输中机电工程的应用

本文详细介绍了机械工程的质量检测的地位，它可以保证交通运输从源头上避免问题并及时制定相关的措施来解决不同的麻烦。交通运输部门是不可忽视的一项重要部门。

一、交通运输的重要地位

世界各国都会把基础设施的建设当成一项重要的事情，虽然基础设施的建设会耗费很长的工期及大量人力物力。但是基础设施是一个国家经济顺利发展，所以无论是省道、国道还是乡间小路都需要国家和当地政府部门的关注和支持。道路建设的目的是要随时保证道路通畅。方便我们自己的生活，为国家创造更多的利润，开拓更多的行业和部门。因此，交通建筑的工程的建设是社会发展和全面建成小康社会的重要前提保障。

二、机械工具在交通运输的重要作用

交通运输的重要作用体现出了机械工具在交通运输的独特地位。机电工程是信息化和科技化的重要体现，已经成为基础设施的重要支撑力量。因此，提高机电工程的质量和管理水平都会相应地增加人们日常生活的安全保障，也会直接间接促进人们的经济实力。

三、机械部门的相关检测系统

基础设施建设是人们日常生活和工作的重要组成部分，所以，相应的监测机构和系统的准确性也很重要，而且机电工程的监测不仅是内部的自我检测，还要包括周围环境的关注和机器质量的合格与否。因此，在基础设施建设之前，设计师一定要进行实地考察，要把道路经过的线路和地形、气候和河流分布严格勘探清楚，只有这样设计出来的图纸才会既符合及时情况，满足当地人们的风土人情，又能充分利用现实的数据和传统的资料。其次在现场施工过程中，监管人员要切实履行自己的职责，对进场的机器设备要严格检测，检测的标准要符合国家的法律规章制度，一线施工人员要有安全观念，一般来说现场施工人员是来自各个地区的农民工，它们的知识水平比较低，安全观念比较所以，要时刻宣传安全观念。所以，机电工程的勘探、设计理念、施工现场和日后的维护和时候监管都是我们必须关注的话题。

四、交通机电工程质量检测的试验检测内容

要落实做好试验检测工作要做好以下几点：

（1）检验机电产品所在企业的生产能力。根据国内外相关的标准，以及交通、机电行业的标准对检测的产品进行详细检验，确保企业生产的机电产品质量达标，并对其生产能力给出评价。

（2）对机电产品出厂的验收。虽然产品出厂前，企业自身进行了自检，但是作为订货方，进货也要进行详细的检查，方可对产品进行验收。

（3）施工中要正确施工，按照流程施工。施工过程中，对产品进行再次的监督和质量把关，安排抽样检测，避免出现因为材料不合格而将次品流入到施工流程的下一环节中，避免对项目造成损失。

（4）施工完成后还要进行交工的验收检测过程，工程完工后必须经过一段时间的试运行，运行中如果有问题必须得以纠正，如果没有问题才能验收。验收的时候，质量监督部门和专业的质检人员对其进行客观的评价，得出结论。

（5）竣工的验收检测工作。如果工程进行了验收检测工作，可以进入竣工阶段，竣工验收也要进行检测工作，这些工作的执行也有质检部门和质量监督单位进行全面的实测评价，形成结论数据，作为竣工验收的标准。

五、交通机电工程质量检测的试验检测特征

（1）交通机电工程质量检测的试验检测具有公正、科学的特征。所有的试验检测工作都是以国家的法律、法规或相关的标准为依据。在试验检测过程中，严格按照国家有关的政策、法律和法规，以及国家、交通部及有关部门、省市自治区颁发的技术规范、规程、标准为考核标准，进行检测考核，考核结果形成数据资料归档处理。试验检测的数据是保持检测结果公正的最有力的证据。为了做到公正，在检测过程中必须要求试验数据准确、科学，从事检测的人员或机构具有相对的独立性，使用专业的试验检测人员来对机电工程质量进行检测，要求从业人员具有从业资格，持证上岗。另外，必要的时

候得赋予试检机构和相关人员出具试验的数据和结果的权力，使其能不受外界的干扰出具科学、可靠的数据。

（2）试验检测的结果科学性，是要求所有检测的结果数据要科学、准确、可靠，形成文字材料。检测结果是否合格，将所检测的数据参考相应的标准逐一核实，一切结果都以数据来验证说明。试验检测要依靠科学的、准确的试验检测数据来进行分析和评定，如果没有科学的、准确的试验检测数据就没有发言权。如果试验检测的数据不能保证一致性、完整性，不能确保准确性，对工程质量包括施工过程的质量控制就可能出现错判、误判，从而给工程质量造成严重的后果。因此。如何保证试验检测数据的科学性、准确性，也就成为试验检测机构和人员的根本任务。为此目的，对试验检测的仪器设备、试验检测环境、试验检测人员、操作技术和规程、试验检测管理工作制度等等各个方面提出了相应的要求，做出了相关规定。

总而言之，机械工程在基础设施中的重要地位已经成为国民经济不可或缺的组成部分，而且基础设施的建设不仅有利于经济发展的顺利，而且还成为科技发展的重要体现。但是机电工程不是一项简单的工程，它的主要工作程序包括事前设计、施工过程中各个方面的监测、人员的具体操作步骤和事后的维修。这些都是交通运输需要关注的话题。

第四节　机电工程设备安装技术的应用

机电工程安装技术是建筑工程安装的关键环节，对于工程质量影响较大。在机电工程设备安装中，必须加强工程设备的质量控制，做好关键技术施工。本文分析了设备安装和质量控制的重要性，探究机电设备安装中存在的问题，并分析了机电设备安装技术的有效措施。

当前的建筑机电工程设备安装中还存在一些问题，导致设备安装质量存在问题，影响设备的正常使用。因此，探究机电工程设备的安装技术问题，对于提升安装技术的水准具有一定的指导作用。

一、机电设备安装技术和质量控制的重要性

机电工程的安装施工中，要做好施工技术和质量控制是建筑行业在面对激烈的行业竞争中必须要提升的工作水平和质量标准，加强机电设备安装技术提升和质量控制，能够为提升工程总体质量，促进工程发展完善提供有效铺垫。此外，机电设备的安装技术和质量控制也是提升设备使用性能，延长设备使用寿命的关键，做好机电工程设备安装意义重大。

二、机电设备安装中存在的问题

（一）机电设备管理规范性不足

目前的机电设备安装中，还没有形成一套完善的管理责任制，导致机电设备在安装中常常会出现一些质量问题。在机电设备安装施工前，施工现场没有做好设备安装的预留孔，常常导致设备安装困难，重新打孔安装也会造成对于建筑的整体性、美观性破坏。出现这种情况，主要是因为施工单位和安装施工单位没有做好前期的沟通协调工作，导致设备安装准备不足。而负责施工监管的监理单位往往也是监管力度不到位，他们只注重前期的施工质量监管，对于机电设备这种后期的安装工程质量缺乏重视，导致安装过程中无人监管，安装质量得不到保证。

（二）设备安装不规范

机电设备的安装需要遵循一定的施工规范，不然很可能会造成严重的安全问题。但是正因为缺乏监管和重视，机电设备的安装中，往往会出现一些不规范的操作，安装工人随意改动图纸，没有按照图纸设计的位置进行设备安装，导致设备安装的冲突和安全隐患。就拿冷水机和地下水箱来说，地下的电频配电和发电机房一般都是运输通道中的阻碍因素。如果在施工安装过程中，施工人员先安装配电设备、变电设备和发电组，再安装地下水箱和冷水机组，就会造成机电设备的维护维修和配件更换带来较大的难度。

（三）设备质量不过关

目前，在机电设备的采购中，往往会出现一些质量不过关的设备产品，这些设备产品往往寿命短、容易出现故障问题。此外，在施工安装过程中，施工人员对于一些关键连接点把握不严格，导致螺丝松动现象普遍，容易造成设备的掉落，或者是将螺丝过分拧紧，造成设备的损坏，这些都会造成设备的安全问题。

三、机电设备安装的有效技术措施

（一）完善施工安装体系，确保施工质量

机电设备的安装中，必须建立健全的施工体系。加强对施工人员的技术交底、材料控制、施工工艺方法的控制、机械设备的控制、施工工序的质量控制、成品保护等。要严格要求设计及施工单位针对不同阶段不同类型的工作进行技术交底。施工人员必须持证上岗，杜绝无经验队伍进场施工。合理地安排施工进度，以确保施工质量和施工安全。

（二）严格安装规范，确保施工规范性

对于建筑机电设备的安装施工，必须保证严格按照相关的机电设备安装规范进行安装作业，安装人员在施工中，要严格对着图纸，按照图纸中规定的位置、型号、数量进行机电设备的安装，不得随意改动图纸。监理单位也要发挥监督作用，安排专人对于机电设备的安装技术和质量进行监督检查，防止安装过程中的偷工减料行为发生。

（三）加强质量检查，进行设备调试

在机电设备的安装过程中，要做好设备的采购工作，按照建设单位的要求采购相应品牌、厂家、型号的设备，不得采购劣质的机电设备以次充好，监理人员对此也要进行抽样调查，防止出现劣质的机电设备。在安装过程中，要做好设备的调试工作，对于安装细节进行把握，防止因为细节问题造成的安装质量和安全隐患问题。此外，机电设备安装结束后，其相关调试工作也很重要，这是检查施工安装是否合理有效的关键，调试工作一般包括以下几点内容：

（1）通风系统、风机风压及风量的测试调整；

（2）管道试验；

（3）冷冻供回水管的循环冲洗；

（4）设备、所有电气项目的线路校对、单体试验、继保整定、系统装置整定、模拟动力试验等。

总之，机电设备安装技术对于工程整体建筑质量和使用而言会产生一定的影响，机电设备安装需要做好相应的准备、协调、管理、规范、监督、测试等工作，在安装过程中要把握质量和关键节点，确保机电设备的规范、有效安装。

第五节　工程机械中机电一体化的应用

工程机械领域机电一体化的应用，不但改变了原有的机械模式，更是带动了工程机械行业实现了更快的发展。本文将对工程机械机电一体化的具体应用进行分析，以供参考。

机电一体化是现代科技水平发展到一定阶段的产物。机电一体化在各个行业中应用广泛，并取得了很好的效果。在工程机械领域机电一体化同样得到了广泛的应用。

一、机械设计中机电一体化的应用技术

机电一体化涉及一些基础的技术，这些技术合理地应用到设计中可以显著提升工作效率。

（一）集成制造技术

该技术通过计算机辅助设计的方式，在进行机械设计中将设计人员、设计部门和生产部门进行整合，通过计算机模拟的方式对整个设计过程进行测试，将各个部门的生产过程进行模拟，使得设计可以在制造之前获得更加精确的测试，从而实现机械设计中原材料、生产管理和产品出货等整个过程的信息化和自动化，将机械设计与信息技术进行结合，并且通过集成技术实现资源的共享，对设计进行统一的规范化管理，防止设计中出现技术与设计分离的情况，实现整体技术设计的创新。

（二）总线技术

总线技术是对施工现场进行合理控制的重要方法，通过现场总线技术的应用，可以将不同的仪器设备和仪表进行统一的管理，使得现场生产中仪器实现自动化的控制，各个生产过程之间可以及时地进行信息之间的传递，从而实现整个生产过程的自动化管控，对机械设计的整体质量进行全面的提升。传统现场信号控制管理技术随着生产的进步已经不能适应机械设计的需要，而总线技术实现了机械设备各类信息的双向传输，这样可以将传输的效率进行提升，减少传输中信号的损耗，提升信号的质量，使得机械设计现场控制更加符合技术需要。

（三）交流传动技术

交流传动技术在实际使用中的承载力和适应性较好，相较于直流传统技术，信号的传输能力更强，可以防止信号在传输过程中受到的干扰，提升信号的稳定性，从而加强设计中各个部门之间的信息交流质量，使得设计更加符合产品的需要。其次，通过微电子和电力电子技术的应用，机械设计整体的管理也取得较大的进步，在稳定性方面得到保证，使得机械设备稳定性更强，设计质量得到显著提升。

（四）在作用精度控制方面的应用

工程机械加工及设计对精度有着非常严格的要求，只有从设计，到生产再到加工组装等任何一个环节的精度都可以得到有效的保证，都可以符合工程机械相关标准，工程机械在整体精度上才可以满足工程的实际需求。工程机械制造存在有零配件、构件非常多，结构非常复杂的特点，一般技术很多时候成品机械的质量以及精度无法得到保证，而进行机电一体化技术的选择来对工程机械成品展开精度控制可以起到非常良好并且稳定的控制效果，使产品加工的精度可以得到保障。之所以可以取得该成效的原因是电子控制技术的开发以及向工程机械领域的延伸。电子控制系统选择的是具备现代化特点的控制技术以及电子科技技术从而使称量准确性可以得到保障，使称量的自动化可以得到实现，这样就可以避免由于手工称量出现的误差，使机械称量精度提高。

二、工程机械中机电一体化技术的发展方向

在现代工业生产里，有效应用机电一体化技术，可使产品生产质量水平得到有效提高，特别是在工程机械生产上，伴随科学技术的改革和创新，工程机械设备慢慢朝系统化、智能化和微型化方向发展。

（一）机电一体化技术向微型化方向发展

在现代科学技术日益发展与进步的同时，又将机电一体化技术推向了微型化发展方向，而所谓的微型化典型特征即为相应的电子设备产品尺寸相当小。通常情况下，体积不足 $1m^3$ 加上此类微型设备产品性能均较高，和正常机电一体化技术设备产品相比，微型机电一体化技术设备产品除了能耗低、体积小外，还有灵活性强的优点，在工程机械设备产品中得到了大力应用。

（二）机电一体机化技术向系统化方向发展

所谓的系统化即指工程机械结构方面具备相应的模块化性质，在系统运行中，机械设备产品可灵活重组，同时结合工程具体施工情况，随意给予组合，提高机械设备产品实用性。另外，在工程机械设备产品系统化水平提高之际，为了可在某种程度上对机械设备所有子系统展开有效控制，还应增强其综合性能，使工程机械产品各方面性能均得到完善。

（三）机电一体化技术向智能化方向发展

伴随数字化进程的加快，工业生产中，通过工程机械设备产品的改革与创新，又相继研发了人工智能技术和机电一体化技术彼此结合的工程机械设备产品，和人工智能机器人展开联合应用，使机械设备整体质量和性能均得到了提高。另外，工程机械设备向智能化方向发展的这个过程里，依靠人工智能与先进计算机设备，让工程机械设备产品低能耗与高效率生产目标得到实现，还提升了工业生产整体质量水平。未来机电一体化技术还将实现和网络信息技术和传感器等的有效融合。

1. 与网络信息技术的融合

和机电一体化有关的技术与产品，唯有完善功能与高质量，方可在市场中站稳脚跟且快速普及。因网络信息技术的发展，将我们推入到了信息化时代，网络技术在各行各业中均得到了广泛应用，其和机电一体化技术的有效融合也属于时代发展的趋势，而这必将推动远程监控技术的发展。

2. 与传感器的融合

当前，传感器也在工程机械里得到了大范围的应用。较典型的有：发动机内安装机油压力传感器等装置来对发动机工作状态进行调控，还可对设备工作状态给予实时监控。如

沥青摊铺机内安装传感器，能实现自动找平，还能做到匀速前进，进而达到平整度标准。现今，传感器技术的发展，为可靠度、精准度提出了更高要求，信息采集必然会向集约化、多样化方向发展。可见，今后传感器则会被广泛应用于工程机械中，若能实现机电一体化技术和传感器的融合，在提高设备性能上必将更胜一筹。

与网络信息技术的融合为推进机电一体化技术的可持续发展，需先确保和其相应产品的安全性与可靠性，如此方可增强机电一体化的市场竞争力，拓展其使用范围。所以，机电一体化技术唯有和网络信息技术进行更深层次的融合，方可顺应时代发展潮流，这也是实现远程监控的必经途径。

在机械系统设计中，相关设计人员需要在满足机械可靠性的前提下进行设计，充分发挥其设计优势。这是提高机械产品运行质量，发挥作业效益的基本手段。对今后的发展规划具有重要的现实意义。

第六节　工程管理在建筑机电中的应用

建筑机电工程是施工建筑工作中的重要组成部分，作为技术实施的基础，现代工程管理在建筑机电工程中在近年来得到了广泛的应用，通过对现代工程管理理念在建筑机电工程中的实施进行了总结，为未来建筑机电工程系统性发展提供了相关思路。

随着我国经济不断持续发展，人们的住宅和工作环境也随之不断提高，根据2016年住建部的统计数据显示，我国人均住宅面积达到了35.3m²，这意味着一个三口之家的住宅总体面积就差不多有100m²。随着面积的增大，对建筑质量的要求也在不断提高，建筑机电工程便是建筑工程中最重要的组成部分之一，一般来说，建筑机电系统可以分为供电单元、空调通风单元、给水排水系统、电力流通单元、消防单元和智能变化单元几个方面。机电工程也是建筑质量安全的基础，现在的机电工程已经变得系统化，技术指标分析、功能性分析、智能分析和环保分析都要加入到考虑的范围之内。工程管理基于技术和理念而存在，在20世纪80年代末期，现代工程管理逐渐融入各个行业之中，最早的工程管理概念来源于西方，而现代社会的工程管理趋势则越来越细化，因此，管理知识体系隔离也愈加明显起来，在建筑行业综合性发展的今天，融入现代管理理念，可以加强建筑机电领域的质量效力、安全效力和经济效力。

一、工程管理综述

工程管理是一门系统综合的学问，兼顾设备管理、经济管理和技术管理三个方面，从最开始的概念型设计逐渐向理论设计深入，从经验设计到仿真数据设计，可以说工程管理水平的高低会对其所支撑的行业工程起到决定性的作用，因此，在未来的技术工程工作中，努力遵循工程管理体系的重点内容，不仅可以完善技术基础理论，对于工程实践也有着重要的意义。

现代的工程管理要求对所具备的技术基础进行相应的组织调配，进行有效控制，在实现预期目标的基础之上统筹协调。以工程师为基础，兼顾工程伦理、工程组织、工程创新和工程安全、工程文化、工程经济和工程质量、工程环境和工程决策。

二、建筑机电行业工程管理方法

建筑机电行业系统型和复杂性较强，其中的工程管理自然也是相当的复杂。住宅工程的核心是人，而工程管理应用的对象也是人。在建筑机电行业中，从知识工程管理上主要分成质量管理体系、经济管理体系和系统规划。具体可以涉及费用分配、人力分配、具体施工、质量检测、后期维护这些方面。

建筑工程机电材料计划的编制实施是确保施工顺利进行的重要基础，材料部门应加强与技术、经营、施工部门之间的协助，以实现材料计划的全面性、准确性、及时性和预见性。首先各项工程施工的前提是材料设备的供应，一项工程材料费占项目总费用比重较大，而及时准确合理的编制材料计划，对降低项目工程造价具有很大的作用，材料计划是由工程技术部门根据施工图纸和设计变更通知单，经项目经理审核批准后的材料计划为依据方可进行备料，材料物资部门要及时掌握工程进度和工程信息特别是机电工程。工程材料计划中的材料设备技术要求、标准表述的不清楚或不完整，其结果是物资供应不准确造成停工或返工。如电线 2.5mm² 是 BV 线还是 BLV 线，钢管是无缝钢管还是焊接钢管，等等，这些都会造成影响工程进度，造成时间上损失，同时造成工程费用的增加。解决办法是提高人员素质，编制计划时要认真仔细，出现的问题造成的损失，材料编制人员及审核人员都应该承担相应的责任。

作为重要的建筑机电工程水平的衡量指标，质量管理起着基础作用，没有良好的质量效果为基础，再漂亮的花架子也不实用，目前的住宅机电质量管理已经变得更加综合化。①需要考虑的是工程材料自身的可靠性；②施工过程的可靠性；③维修维护的可靠性。综合性的质量管理主要包含 4 个方面：①质量至上，用多样性的质量参数来对交付的机电系统进行评价，实现住宅居住人员的最大利益，在机电工程项目实施的过程中，树立长期使用，少维护尽量免维护的终极目标；②一切以居住人为服务宗旨，这里面可能包括办公用或者居住用，满足要求，实现人化至关重要；③还要加强预防，不仅仅要做到维护方便，还要做到预防方便，在质量问题还没有发生之前，就能将危险扼杀在摇篮之中，例如设立危险报警机制，用电脑软件将整个机电系统联动起来；④信息数据驱动。所有科学管理的基础都是数据，这是最直观、最简单的方式。可以客观反映问题。工程管理需要用数理统计的方法，利用优质算法解算数据的波动，科学的计算出影响机电工程的各类原因。

建筑工程机电系统特点明显，服务的客户要求很高，针对多种不良影响因素，应该采取相应的办法进行控制管理。同时建立起完整的工程管理人员体系，全范围进行工程管理服务，让技术服务于人，受惠于人，做好前期预备、过程管理和最后的验收，目前我国住宅小区趋向实用化和豪华化兼顾发展，作为类似软件的机电系统管理体系，肩负着为现代建筑保驾护航的任务。

随着大数据和 VR 工程的不断发展，人们对办公和住宅水平要求肯定也会继续不断提高，相应的机电工程配置安排要求也在逐步严苛，在逐步通往系统综合化的过程中，建筑机电的工程管理必然实现工程质量、经济费用、时间工期、施工人员健康安全型和外部环境保护的协调发展。

第七节　绿色施工理念在机电安装工程中的应用

充分发挥绿色施工的实效性，对推进资源节约型以及环境友好型社会的构建进程具有十分重要的意义。一直以来，建筑施工都是社会生产活动中需要消耗最多资源的行业，针对建筑工程中，需要消耗最多能量的机电安装工程而言，将绿色施工理念合理融入进其施工过程中，不仅有助于促进工程的整体施工质量提升，也有利于更好的保护我国的自然环境。本文主要对绿色施工理念在机电安装工程中应用进行简要的论述和分析。

机电安装工程中，对绿色施工理念的应用，需要基于不对施工的质量以及进度等造成影响的条件下，择选出多种现代化的绿色材料以及施工方法等，依照所规定的工程施工流程以及要求等，实施各环节的施工操作。其中，为了促使绿色施工的实效性充分发挥出来，在对机电安装工程进行施工时，应重视严格管控各种可能对周边环境造成不良影响的因素和行为，并应设计出完善的评价体系等。

一、绿色施工概述

此项施工具体指的是，在对各种工程项目实施具体施工时，在确保其施工质量以及进度的基础上，经由实施多种具备较高合理性、有效性的管理模式、措施，以及多种现代化技术手段的方式，促使工程的整体施工可以做到最大化的节约资金、能源，最小化的影响周边的自然环境，进而达到节地、节水以及保护环境等目的的一种施工技术手段，对其加以合理、有效的应用，对促进工程的整体质量提升，以及环保性发挥具有积极意义。

二、绿色施工理念在机电安装工程中的实际应用

（一）节能意识和节能技术

当今时代背景下，基于绿色施工理念，我国对多种节能环保技术的应用都取得了较为可观的成效，但就总体上来讲，与其他发达国家还具有一定的差距，实际的应用范围也相对较窄，仅在安装节能施工监测以及暖通工程等领域具有较为广泛的应用。因此，需要注重在具体应用各种节能环保技术时，对应用过程中存在的各种"不节能"问题加以深入分析和研究，进而探究和创新出多种有效的解决手段，而不是完全以绿色理念为角度思考绿色环保节能技术的自主开发。

1.照明及配电工程

在此类工程中，对绿色施工理念的应用，主要体现在，施工单位经由采取多种手段，配合智能化监控设备的方式，促使工程施工的环保性有效的突显出来。基于照明节能要求，在具体施工时，可以利用具备较高节能下的电子镇流器等设备。同时，基于对电子镇流器的能效限定值会出现不符合相关要求的状况进行考虑，在对其进行购置操作以前，最好依照相应节能方案中的具体内容，对其进行合理、科学的购置以及安装。

此外，需要依照节能工程的相关要求，对工程所应用照明设备的效率以及谐波含量限值等进行检测，并应在实施各环节检测操作时，对有关设备运行时的电流以及电压等参数进行考察，有助于在发生事故或者实施计量管理时，更好的查找所需数据。针对电气设备的运行而言，应对所应用电气设备的高低压进线短路器等的开关的闭合状态实施考察，并以电气主线图开光状态的规划为依据，实施具体的故障排查操作。最后，需要将所有用电设备的费用记录等纳入节能检测的内容，并应注重同步绘制用电负荷曲线图，以便于更好地对整个工程的质量进行把握。

2.暖通工程

现如今的多数暖通工程中，对绿色施工理念的应用主要体现于制作风管以及水管凝结等的过程中。基于对保温层的接缝位置处不能将保温保冷层漏出，在具体应用各种节能技术的过程中，需要尽可能地将设置与保温层以及水管、吊架之间的配套垫块的厚度相同，并应在对垫块进行具体应用以前，对其实施防腐处理操作，有助于降低冷桥现象出现的可能性。

在安装管道以及阀门等，择选和应用技术时，需要优先对工程保温系统的密封性进行充分考量，同时，也需要参照保温系统的参数要求以及节能性能等，择选适合的应用材料，但需要对各种材料的规格以及类型等实施筛选，并在确保其完全符合方案设计要求以后，再对其进行具体应用。通常而言，在应用节能材料时，需要注重依照防潮层以及绝热层衔

接的基本需求，促使材料的铺设平整、粘贴牢固，促使保温材料具备较高的均匀疏密性，针对防潮层立管位置的材料铺设，应以管道为参照，从低到高进行铺设操作，有助于促使材料的实效性更充分地发挥出来。

（二）节地以及节水意识

1.节地意识

基于绿色施工理念，实施各环节机电安装工程施工操作时，在对工程的节地以及施工用地保护进行考虑的过程中，需要结合相应施工区域的现实环境以及工程的施工规模等因素，对多种临时设施实施有效的设计和应用。例如，依照用地指标中规定的最小面积，对现场的工作棚以及材料堆场等占地指标实施设计。同时，基于环境保护以及文明施工等的具体要求，在实际规划施工要几个地的过程中，应尽量确保用地设计的科学性，减少甚至消除废弃地。

此外，在设计生活用房用地时，由于此类设计对周边生态环境几乎不造成影响，所以，可合理的对生活区以及生产区实施分开布局，同时应用和建设有助于布置施工平面的，存在较高轻便性以及调整性的活动板房。在对施工区域的道路实施布局时，可适当地将永久道路以及临时道路加以有效结合，有助于促使工程施工更满足绿色施工理念的基本要求。

2.节水意识

机电安装工程的施工和运行，都无法脱离对水源的使用。所以，基于绿色施工理念，在对机电安装工程实施各环节施工操作时，可通过应用现代化节水工艺的方式，有效的节约水资源。例如，在安装供水网的过程中，便可以以现实的用水量为标准，对其实施布局设计操作，同时，为了更好地发挥供水网的实效性，还需要对其管路和管径等实施便捷性设计，并应在对其实施铺设操作时，尽可能地避免防水器具出现损漏问题。

综上所述，在机电安装工程施工的过程中，合理应用绿色施工理念，对促进工程的整体质量提升以及环保性发挥具有积极影响。基于此，在具体实施的机电安装工程施工操作时，应注重将绿色施工理念良好地融入各环节施工中，并应不断完善和更新管理模式，有助于更好的优化绿色施工理念，有利于确保各环节施工的质量，促使每个环节施工的实效性良好地发挥出来。

第八节　变频技术在现代煤矿机电工程中的应用

变频技术的综合性比较强，应用在煤矿机电工程中可以有效提高其节能效果和运行管理效率，是现代煤矿机电工程的重要应用技术。

我国现代煤矿高速发展的重要标志就是变频技术的应用，我国煤矿工业已经实现了机械化到机电化的过渡，可以满足现代工业生产中对煤矿产量需求。变频技术的综合性比较强，是近些年来发展起来的重要技术，基于变频技术进行现代煤矿机电工程发展，就要把握变频技术的主要工作原理，加强其在煤矿机电工程中的应用。

一、变频技术及其发展

（一）主要内涵

作为一门综合性很强的新型科学技术，变频技术实现了电机传动技术、电力电子技术、计算机等技术的统一，目前在机械设备控制中运用非常普遍。变频技术具有优良的调节性能，而电力电子技术和计算机技术的结合，完成了传动和控制的有机结合，进而实现机电一体化。变频技术的工作原理主要利用的是半导体元件，它可以实现工频电流信号向其他相应频率的转化，再将工频电流转化为直流电，在整个过程中逆变器可以实现电压和电流的控制调节，保证机电设备进入无级调速状态。目前现代煤矿机电工程中应用的变频技术主要是对电机转速和电源频率进行调节，以完成对电机转速的调节和机电设备的控制。而且变频技术对于保证煤矿机电工程设备的平稳、控制设备的加减速等都有重要作用，是现代煤矿机电工程的发展方向。

（二）发展现状

科学技术的发展推动了变频技术的发展，尤其是电子信息技术的发展，目前变频技术在理论研究和实践应用中都发展很快，而且其经济效益、生态效益和社会效益都非常好。变频技术的应用使得生产过程中能源消耗大幅度降低，越来越多企业开始引进这一技术。对于系统的控制方式和功能，变频技术可以实现控制模块的智能设置，提高其生产的综合化水平。因此，随着变频技术的不断更新，未来发展过程中将会在不同行业和领域中得到越来越广泛的应用。

二、变频技术在现代煤矿机电工程中的应用

（一）煤矿风机

在风机和泵类负载是最早开始运用变频技术的，但是应用在煤矿机电设备中还比较晚。现在矿井通风设计的方案比较多，而且差异性越来越大，实际操作过程复杂。比如在矿井生产中期，需要对风机进行更换，这样才能保证其通风效果，而实际操作中机电设备容易发生故障，这就增加了其维修量和维修难度。不用的风机会被暂时搁置，造成资源大量浪费，使得煤矿机电设备的有效利用率降低。如果在煤矿风机中应用变频技术，不仅可以提高煤矿的通风性，也防止重复的更换工作，提高节能效果。例如在煤矿掘进时，一台风机

就可以满足其风量需求，使得操作过程更加方便。

（二）煤矿提升机

在煤矿企业中，煤矿生产系统用电量是其用电量的 70% ～ 90%，尤其是在大功率用电设备的启动、加速、减速、制动等过程中，会产生很大的负荷，此时就会产生电压波动，并对其他设备安全运行产生影响，比如矿井提升机、胶带输送机、主要通风机、主要排水泵等。一旦产生机械冲击，设备的损伤就会增加，可能会影响其使用寿命。变频技术因其具备良好的调速性能和节能效果，使得煤矿机电设备的自动化控制程度和运行效率得到了提高。因为矿井提升机的工作条件特殊，所以在复杂、繁重的运行条件下，其设备性能就必须满足更高的要求。实际工作中提升机需要进行不断的启动关闭，其调速任务重，增大了机电设备的故障发生可能性，使得机电设备容易受到损害。对于提升机，变频技术可以提供一种有效保护，并提高其工作效率，有利于提高提升机的运行能力。变频设备的内部软件用来调节提升机的速度，这样就可以降低提升机的故障发生频率，减少机电设备的维修和费用，并且可以实现电能的有效节约，最终达到节能降耗的目的。

（三）煤矿空气压缩机

空气压缩机是煤矿风动机电运行的主要动力来源，通常由交流电机实现，所以必须保证电动机一直处于全速的工作状态。而空气压缩机进行压力控制会运用上下两点控制模式进行，使得交流电动机一直处于工频的运行状态。如果空气压缩机的气缸压力和其预设的压力值一致，此时空压机的进气阀可以关闭，不需要继续产生压缩气体，保证电动机处于空载状态。在压力不断下降过程中，如果其接近预设压力，就会打开空压机气阀，并产生压缩空气，此时就是一种重载状态。但是通过实践发现，煤矿实际用气量和产气量不可能完全一致，所以空压机就需要频繁的进行加载卸载，影响电网、电动机和空压机。因为变频技术的高控制精度、易操作性和免维护性的特点，如果将其应用于普通电动机调速，在其拖动负载时就不用改动，只需要根据具体的生产工艺要求调整其转速输出。对于传统空气压缩机的加载方式来说，变频器驱动方式实现了控制方式的根本改变，只要根据用气量对拖动电动机进行转速调节就可以实现自动调控，这样供气压力就会基本恒定，减少压缩机的启停次数。

（四）皮带设备

皮带设备是煤矿机电工程中运用比较频繁的一种设备，其启动和运转必须有大功率支持。目前我国现代煤矿机电工程中的皮带设备实施软启动大多是利用液力耦合设备，这一过程中并未改变电动机起动的实际过程，仍会需要很大的电流，其冲击电流对于设备零件会产生严重损伤。而且运行中液力耦合设备低效调速产生的热量比较多，使得皮带设备内部的温度迅速升高，容易产生不同程度的磨损，降低皮带寿命，留下安全隐患。目前变频技术已经取代了传统的液力耦合设备，实现设备的软启动，设备瞬时张力减小，使得皮带损伤的情况得到缓解，为设备稳定运行提供了保障。

随着煤矿开采不断进行，其设备和技术的更新为煤矿开采提供了新的动力支持，推动了我国煤矿开采业的专业化发展，大大提高了其开采生产效率，为我国经济发展提供了能源动力支持。目前我国现代煤矿机电工程中应用了变频技术，实现了我国煤矿机电施工中的节能降耗，提高了煤矿机电工程的工作效率，并在具体实践中取得了很好的效果。在现代煤矿机电工程的风机、提升机、空气压缩机、皮带设备等多个环节中都有变频技术的应用，改变了传统煤矿机电生产的不足，实现了我国工业发展运行模式的转变，推动了我国现代煤矿机电工程向节能环保方向的转型。

第三章　机电工程施工技术

第一节　机电工程施工及应对

在建筑项目建设中，机电工程是一个非常复杂的系统项目，设计的方面比较多，过程也比较烦琐，对于施工人员的要求很高。机电工程的施工人员必须具备多个专业的基础知识，了解机电工程的施工工艺技术，在施工过程中对出现的各种问题积极地采取合理的措施进行解决。下面我们对机电工程施工中，出现的问题和应对方法进行探讨。

机电工程是建筑工程中的重要组成部分，如果机电工程存在质量问题，那么对建筑物在后期的运行和使用都会造成非常严重的问题。由于机电工程施工中受到的影响因素比较多，很容易出现各种问题，如何应对这些问题成为施工企业必须重视的关键。

一、机电工程施工中存在的问题

（1）管线交错。由于机电工程涉及的专业比较多，在进行前期设计的时候，往往由多个不同专业的设计人员分别进行设计出图，在施工图作业的时候，各专业之间设计人员没有很好的沟通，造成各专业管道线路位置出现重叠或者交叉的现象，这都给后期的施工造成严重的困扰。并且，对于后期的维护和检修也带了很多麻烦，甚至造成工作无法顺利进行。

（2）设备安装倾斜问题。进行设备安装的过程中，由于施工现场地面不平或者施工人员技术水平有限造成在安装固定设备的时候出现倾斜现象，这样不仅会影响设备的正常使用，还会造成设备使用寿命的降低，不能真正发挥出自身的实际效益。另外，机电工程中有很多重型设备，如果安装发生倾斜现象很容易造成底座的移动，达不到设计要求的机械设备指定位置。并且，设备的偏离还会对后续的施工造成一定影响。

（3）设备震动与噪声超标问题。设备在运转过程中由于自身原因，会发生一定的振动和噪音，这对于人们的正常生活和工作造成一定困扰，特别是在公共场所，对噪音和振动的要求比较严格。所以，应该控制好大型机电设备的振动和噪音污染，提高建筑物内的使用质量。

（4）空调冷冻水循环不通畅问题。空调长期处于运行状态，会发生一定的故障，造成系统循环的不稳定，经常会出现冷冻水循环不通畅的问题，形成这种问题的主要原因在于施工中没有对设备进行及时的调整，造成管道内存在气体，堵塞管道的正常运行。另外，还有可能对管道的清洁工作不到位，在管道内有杂物或者其他物体造成阻塞。

（5）人员问题。在社会经济不断发展的情况下，对建筑市场造成一定的波动，不断涌入新技术、新工艺，机电工程施工人员必须要迎合现代化的发展，不断地进行学习。由于施工企业对施工人员没有良好的管理机制，造成施工人员业务能力的下降，不能满足现代化机电工程的技术要求，甚至出现质量问题。

二、应对策略

（一）管线交错，管道"打架"问题应对策略

（1）确定管线排布。机电工程开始之前应该进行图纸会审和技术交底，综合评定多专业的图纸结构，对某一层面的具体工程，进行管道、管线全面的综合考虑，确保管线在合理的空间范围内能够按照图纸要求进行施工，不断的优化设计方案。

（2）优化方案。将图纸会审中出现的管线排列问题，进行重新安排布置，确保各管道、管线之间的相互关系，对位置、标高等科学的设计，满足施工和后续的维修使用要求。通过对管线的从新布置，了解建筑空间内机电管线的具体位置，制定合理的施工方案。

（3)BIM技术的应用。应用BIM技术对机电工程进行模拟视图，了解图纸中管线的交叉部分，为设计人员提供更准确的信息，为施工人员提供更加可视化的技术服务。对于工程管道、管线的布置提供更好的技术手段。

（二）设备安装倾斜问题应对策略

如果要保证设备安装的倾斜问题，首先要确保施工场地平整，能够满足施工要求。并且，进行设备位置的确定，利用放线、划线等技术确定设备的具体位置，做好基础部位的螺栓紧固，严格按照设计要求和规范要求施工。

（三）设备震动与噪声超标问题应对策略

首先，解决机房设备的振动情况，采取性能较好的消声装置，在设备底部实施避震措施，降低振动现象的产生。另外，设备机房在进行装饰装修的时候应该注意选择隔音墙壁和吊顶的吸声处理，机房门选用隔声门，降低噪音的传播。另外，在前期设计的过程中，将设备层设置在结构刚度较大的部位，有效地降低振动对周围环境的影响。

（四）空调冷冻水循环不通畅问题应对策略

针对空调冷冻水循环不通畅问题，应该注意施工技术，在排水循环系统管线进行布置的时候，确保有一定的坡度。安装工作开始前，注意对管路杂物阻塞问题的控制，做好管道的清理清洁工作，在管路上安置除雾器，确保系统在正常运转中可以做到定期的清理。

（五）人员问题应对策略

施工人员作为机电工程的主要实施者，必须要提高对施工人员的重视程度，落实责任制，在施工开始之前进行施工技术交底工作，明确每个施工人员在工作中的具体任务，确保严格按照设计要求和规范标准进行施工，严禁私自变动设计图纸和施工工艺。定期开展专业技术培训，对新技术、新工艺进行深入的学习，适应现代化技术的落实。

综上所述，机电工程的质量对建筑物性能有直接影响，所以应该加强对机电工程质量的管理，通过对施工环节和质量因素加以控制，更好地确保建筑物的使用性能。并且，制定合理的施工技术，降低过程中的成本投入，促进企业经济效益得以实现。

第二节　机电工程施工质量方法与创新

机电工程的施工质量是影响整体建筑工程的重要因素，机电工程施工质量得到保证才能实现施工单位的利润收入，所以必须高度重视这项工作的开展。施工中要注意质量安全问题，对于那些比较容易出现的质量问题，要及时进行总结，通过积极的措施应对来实现质量控制的目的，最终实现机电工程施工的质量安全。目前，机电工程施工还存在一定的问题，找到影响其质量的关键因素，再采取有效的对策，就可以保障工程质量和施工进度，将问题扼杀在摇篮里。

机电工程项目往往很容易受到其他因素的影响而使得该类工程的施工出现问题。这就需要对确保机电工程的整体质量，加强方法的创新，才能使企业得到良好的回报。现阶段，机电工程施工还存在一些问题，质量无法得到充分保证，这就必须要创新方法，确保工程质量。

一、机电工程施工质量的影响因素

（一）操作流程不规范

在机电工程操作的过程中，可能会因不按照规范进行操作而影响施工质量。由于机电工程的内容十分复杂，涉及多种技术，因此在操作时必须要遵照相应的流程，否则就会出现问题。比如，在吊装的时候，需要考虑到正确的操作方法，使设备可以正常运行。如果不按照操作流程进行，操作过于随意，必然会影响设备的正常运转，甚至带来更加严重的问题。

（二）施工材料与设备质量问题

在施工的过程中，材料与设备都非常关键。如果材料与设备质量有问题，就会影响整体施工质量。在施工时，不要使用劣质材料，对材料进行严格的监督与审核。在购进设备的时候，同样要对设备进行全面的检查要实验，确保设备符合要求，能够正常运转。要提高管理人员的安全防范意识，使其能够重视材料与设备的监测，避免混进不合格的材料，或者设备无法正常工作。

（三）图纸标注有误

如果图纸的标注出现问题，就意味着在实际操作中可能会出现问题。因为施工一般要以图纸为依据，要尽量避免问题发生。图纸的精确性要有保证，加强对图纸的设计，尤其要做好关键部位的标注。

二、提高机电工程施工质量的创新方法

（一）对施工质量进行创新监测

对施工质量进行监测很有必要，这样方可避免一些不必要的问题出现。首先，要根据工程的情况选择合适的设备与技术，使工程的进度有保证，提高工程的安全性。第二，进行设备监测时，设备的选择至关重要。正确进行监测，提高工程质量，实现资源的高效利用。在监测时，可以及时发现问题，对问题进行分析后，再迅速处理，全面保障工程质量。

（二）保证施工原材料的质量

确保施工原材料的质量是提高机电工程质量的关键所在。比如，在进行材料采购时，要注意材料是否符合工程要求。选购后，要加强对材料的抽样检测，减少不合格材料混入的可能性。当原材料的质量有保证后，就意味着工程质量也会得到进一步提升。

（三）完善各项规章制度

要进一步完善各项规章制度，促进机电工程质量更上一层楼。从制度上保障行为，就可以使工作人员严格按照制度进行，不违规操作，对待工作充满责任感。机电工程的综合性与专业性很强，必须要重视质量管理与人员的控制，以制度作保障，从工作人员角度出发，提高管理质量。必须要制定非常严格而科学的规章制度，对相关人员的行为进行约束，

使其可以明确工作的内容与操作的要求。除此之外，对于工程质量的标准、进度、重点、责任、考核标准一一明确，使每个人都能够充满责任感，激发工作的积极性和主动性，能够使自身的工作行为顺利通过考核。这就是制度的作用，也是确保施工质量的关键所在。

（四）改进施工图纸设计

为了使施工图纸设计更加合理，需要对其进行改革，使图纸能够较好地反映出工程的实际情况。首先，在进行图纸设计的时候，需要结合工程的情况，尽量保证图纸设计与施工相差不多。第二，及时检查施工图纸中是否存在问题，一旦发现有其他情况，就要对其进行处理，而且要经过商量和沟通之后再敲定修改方案，不得擅自修改。第三，确认图纸设计，对图纸进行严格的审核。第四，调整、更改后，还要进行统一审核，确认没有问题之后再批准。之所以要对图纸审核高度重视，主要就是因为施工图纸是工程施工的基础，一旦某一环节出现问题，或者标注错误，就可能会造成无法挽回的后果。

（五）加强施工技术

在机电工程中，要加强施工技术的应用，这样方可提高施工质量。机电工程需要由先进的技术作保障，这就需要工作人员和技术人员多多开发新技术和新工艺，在确保工程质量的前提下合理运用这些技术。技术的应用要与工程的实际情况关联，这样就可以使技术得到合理应用的同时，还可以有效降低施工成本，提高施工效率。

（六）加强对高素质人员的培训

工作人员要有创新的意识与能力，掌握先进的技术，具备良好的职业道德，这样才能全面保证机电工程施工顺利开展。如果人员素质不高，或者缺乏责任感，就会影响到施工质量。因此，在施工中，要加大对人员的监督，使其可以按照要求开展工作。加强对施工人员、管理人员的培训，使其能够掌握相应的技术与法律法规，提高觉悟和思想认识，在施工中按照流程开展各项工作，不会耽误工期，有效保证工作的质量。

综上所述，为了提高机电工程的施工质量，就必须要掌握先进的管理方法，使得工程可以在工期内按时完成的同时，不会存在质量隐患。随着机电工程技术的迅速发展，许多问题依然存在，而且由于人员素质导致的问题是关键，因此，就需要加强对高素质人员的培养，使其能够掌握相应的标准与要求，具备创新意识，高度重视施工质量。

第三节　机电工程施工技术及质量管理

随着当前社会经济的进步，我国机电工程行业发展极为迅速，机电工程施工技术本身所涉及专业知识较多，整个施工期间要注重对各分项环节要点的实时把控，才能确保整个机电工程质量完全达到预期。接下来本文将对机电工程施工技术及质量管理，进行一定分析探讨，并结合实际对其做相应整理和总结。

机电工程施工技术主要是以机电安装来体现，明确其技术方案要点，最好科学合理的质量管理工作，是促进对应机电设备运行安全提升机电工程整体品质的关键。其对我国家电行业发展有着极为重要的促进意义。

一、机电工程施工技术及质量管理重要性分析

结合实际来看，专业的机电安装工程施工技术以及合理的质量管理工作，是保障对应施工企业自身经济效益能够达到预期的关键。机电工程施工期间，做好相应技术管理工作能够最大限度提升施工企业技术人员施工技术素养，丰富其施工经验。与此同时专业的技术管理可以加速企业相关管理工作的开展，按照机电工程施工技术主要是以机电安装施工来体现，对其质量做好全方位控制可以有效提高相应机电安装施工方技术管理水平，以及施工企业质量控制能力。

二、机电工程施工技术分析

（一）机电工程系统及施工特点分析

机电工程系统施工综合性较强，整个设计范围所涉及专业面极广。结合实际来看机电工程其安装工序复杂度极高，进行机电工程系统施工作业时，需要注重对建筑物质量方法以及检测几点设备安装工程方法的合理选择，做好对二者质量、验收标准、售后服务等的实时评价，合理划分施工安装工序，以此确保整个机电工程系统施工过程的实时管控效果，使机电施工技术价值充分得到发挥，以此提升对应机电工程施工质量。

（二）母线安装施工技术

在进行机电工程施工期间，母线安装施工作为其工程施工重要组成内容，对相应母线质量、性能等要做好全方位分析，明确其保存环境的规范性。现场施工过程中做母线插接作业时，确保母线所置存区域的通风干燥，避免其受潮；进行母线组装时进行专业的绝缘试验，安装过程中按照线段做对应连接，相邻段要与其外壳同心对准，安装连接完成后对其各连接部位进行及时密封处理，针对要穿越楼板及防火墙时母线槽周围必须填充防火堵料，以此使母线安装施工质量能够完全得以体现。

（三）机电工程中弱电系统施工技术分析

对机电工程中弱电系统施工，应明确弱电系统施工本身周期性较短，但其所需安装设

备都较为贵重；因此在进行施工安装期间必须明确各段施工工序，在弱电系统正式施工开展前结合实际信息对人员安排、施工材料、施工工具等进行全面整合划分，注重预埋孔洞及相应线管处理工作选择满足工程施工要求线缆材料，并对其敷设距离及施工方法进行全方位专业分析，对必要线路做实时测验。进入电梯安装施工环节时，对其安装流程方案进行合理划分，注重电梯安装质量检测，安装期间检查对应电线管、电槽、电箱等连接的牢固性，避免发生遗漏，同时在此期间针对电梯安全保护装置设定，必须要结合各安全开关性能参数对其进行专业检测，保障电梯本身效能完全达到设计预期。

（四）机电工程中电气系统施工技术分析

电气系统施工主要包含了对相应系统开关插座、照明设施、防雷地线系统、单体电气设备、电器元件等多个环节的安装施工。因此进行电气系统施工期间必须明确相应机电工程前期预留位置，继而使施工期间电气支架等基础设施使用空间性得到体现，促进电气系统施工效率。这个过程中要着重注意对防雷地线系统的安装施工，其是提高电气系统安全性和稳定性的关键，因此可将其做电气系统首要施工环节设定，在对其施工完成后第一时间进行调节试用确认无误后方可进行后续施工。

（五）机电工程中通风系统施工技术分析

（1）针对机电工程中通风系统施工，主要是以风管安装施工、排风系统安装施工、除尘系统安装施工来体现。其中在进行风管安装施工时对其安装方位的选择必须做好专业设定，选取相应设备层或建筑内夹层为安装方位，针对高层电气以及水暖线路情况进行实时分析，确保建筑施工预留空间合理性，按照相关施工标准工序进行对应施工作业。

（2）进行排风系统安装施工时，要注重其所在工程建筑基础施工完成后开展进行，对其安装位置在施工开展前进行规定清理，明确对通风系统安装位置在前期打孔过程，必须对预留打孔截面较正式安装截面多 10cm 的设定，以此使排风系统安装施工质量能够完全得到保障。

（3）除尘系统安装施工期间，对安装位置做好除尘清理作业，确保除尘系统周围没有灰尘，按照相关安装流程对其进行全面施工，安装完成后在第一时间进行塑料膜密封接口，防止粉尘渗入，以此使除尘系统安装施工质量满足此阶段施工要求。

三、机电工程质量管理分析

（一）影响机电工程质量因素分析

（1）通过上文对机电工程施工技术分析，可以看出整个施工过程中复杂性较高，一旦未能合理把控各施工环节分项专业节点，极易导致整个机电工程质量受损，因此结合实际对影响机电工程质量因素进行全面分析，针对性的完善其质量管理策略便显得极为必要。当前机电工程实际施工期间，存在流程不规范性较为明显，在机电工程施工具体操作环节，必须将多方因素进行综合考量，才能保证机电工程施工质量达到预期设计。但这个过程中由于部分技术人员本身业务能力有限以及对施工规范性的不重视，往往导致整个施工过程中操作误差较多，施工安全隐患直线上升，影响整个机电工程施工质量。

（2）与此同时机电工程施工期间相应施工设计标准不一致，图纸标注存在不准确现象较为明显。造成这种情况出现原因主要是一线施工人员无法与设计人员进行直接沟通，施工人员无法正确意会设计者实际意图，使得整个施工期间出现安装错位与施工失误状况较多，直接导致机电工程质量受损。

（3）机电工程材料以及相关设备质量决定着整个机电工程品质，在实际实践期间存在的材料设备采购漏洞较多，导致不合格材料设备现象的出现，直接对机电工程施工质量带来极为负面的影响。与此同时机电工程本身对设备功能兼容性有着硬性要求，不同规格设备的采用往往会使整个施工返修成本加剧，影响施工进度同时对整个机电工程质量造成直接破坏。

（二）完善机电工程质量管理制度

（1）结合上述对影响机电工程质量因素分析，针对性的完善当前机电工程质量管理制度。注重技术管理的专业把控，针对机电工程施工工艺、方案、技术、流程、检测等做好全方位分析。明确建筑机电工程类型、规模、施工环境差异性，对相关施工技术人员作业过程，要严格按照我国机电安装施工规程要求标准开展进行对应工作。针对性的对施工图纸做有效审查，同时确保施工机械设备选择合理性，优化施工组织，结合现场实际情况安排施工工序，促进整个机电施工过程的流畅性和专业性。

（2）针对机电工程各施工节点，相关施工方必须对施工合同做好严格审查，核实机电安装施工项目实际工程量，针对施工期间存在工程变更现象结合合同做合理评估。在施工前期对招标文件以及施工内容进行实时分析记录，综合考量施工合同中额外补贴支出资金，将其做工程施工预算范畴设定。签订施工合同后相应施工方必须尽快办理工程开工手续，明确开工及竣工时间，保障整个机电工程施工过程实效性，为其施工质量管理工作提供有效参考依据。

（3）注重对施工材料资源全程动态管控，建立专业管控方案，明确其是提升整个机电工程施工质量的关键。这个过程中对当前新型建筑材料在机电工程施工中的推广和应用进行实时分析，当前人们对机电工程施工材料标准不断提高，要求材料自身要具备节能环保、耐用等特性。因此在施工材料采购期间，按照相应机电工程项目以及时代发展需求，采购生态环保且经济性较高施工材料；针对出现问题材料予以第一时间检测、审核上报后，实时更换。加强整个机电工程施工期间质量监控管理，对施工所涉及材料、设备、半成品等进行实时严查，比如针对工程建筑现场可能出现渗漏问题，加强对防水材料质量把控，以此确保整个机电工程施工质量能够完全达到预期设计要求。

综上所述，通过对机电工程施工技术及质量管理探讨分析，可以得出机电工程施工技术及质量管理是整个建筑工程管理的核心重点，其决定了整个工程的实际品质；总体来看科学合理的机电工程施工技术及质量管理工作，是我国建筑行业能够高效、稳定、快速发展下去的必要条件。

第四节　城市建筑机电工程施工管理

现阶段，加强城市建筑机电工程施工管理，无论是从施工质量方面来说，还是从工程造价方面来说，都会获取较好的成效。为了有效提升城市建筑机电工程的施工管理水平，相关人员必须从根本上明确现阶段施工管理存在的不足，以便进行有效的后期管理。针对于此，文章主要以现阶段城市建筑机电工程存在的问题为切入点，具体对如何提高其施工管理水平的措施进行重点分析，旨在提高施工企业的市场竞争能力，获取更好的经济效益。

机电工程作为城市建筑工程的重要组成部分，其施工管理水平的高与低极大程度上会对工程整体的施工质量造成直接的影响。需要注意的是，机电工程与其他工程的施工环节有所区别，机电工程的施工环节具有二次工程的特点，即边施工边进行，施工工期比较紧张且施工难度较大。为了有效地控制好机电工程的施工工期，要求管理人员制定科学、健全的施工方案，以便更好地提高机电工程的施工质量。然而从现阶段的发展来看，我国城市建筑机电工程在施工管理方面还是普遍存在着较多的问题，严重阻碍了机电工程的进一步发展。对此，相关人员必须予以及时地解决，全方位地提高施工管理水平，实现城市建筑机电工程可持续发展的目标。

一、现阶段机电施工管理存在的主要问题

（一）工程设计缺乏针对性与合理性

目前，多数企业合同管理人员对机电安装工程的施工步骤的理解方面存在一定的偏差，理解程度比较薄弱，这就导致机电施工管理水平无法满足现代化的施工管理要求，整体的管理水平比较落后。最重要的是，多数企业管理观念的局限性较强，没有与信息化管理的方式相结合，使得工程设计缺乏针对性与合理性。而工程设计缺乏针对性与合理性，极大程度上会对工程量的统计工作造成影响，相关的工程造价会出现偏高的情况。

（二）安装技术方面缺乏规范性

机电工程在实际施工的过程中，需要运用到多种类型的电气设备。而这些电气设备在

具体的安装方面存在着明显的不同，需要施工人员熟练地掌握各种电气设备的安装方法与相关的注意事项。然而从实际的安装情况来看，多数机电施工团队对于安装技术方面的掌握还是存在着较大的不足性，甚至在实际的安装中没有遵循现行的规范标准，以至于在后期的使用中出现较多的安全隐患。

（三）施工人员缺乏职业素质，安全意识有待提高

城市建筑机电工程涉及的施工管理内容较多且对于安全性的要求较高，要求施工人员在实际的施工当中，必须将安全施工放在首要的工作位置上。然而，目前某些机电工程施工人员的职业素质水平较低，对于安全意识的认知掌握较差，因而导致施工安全事故的发生。

二、提高城市建筑机电工程施工管理水平的相关措施

（一）优化工程设计的针对性与合理性

从一定程度上来说，工程设计在整个工程建设中起到绝对性的引导作用，并且对于质量控制与安全管理的工作会起到一定的监督作用，工作人员能够及时地发现工程中存在的安全隐患，且第一时间予以及时的解决，因此施工人员必须要对工程设计的优化工作予以高度的重视。在进行工程设计优化工作之前，施工的管理人员应该对参与设计的单位进行严格的比对，选出最优的团队，最重要的是设计师的设计水平和职业素养一定要处于专业的水平之上。

在具体设计方案的时候，施工人员需要对工程图纸设计中涉及的施工材料以及电气设备的质量进行准确掌握和了解，一旦发现施工材料出现质量不过关或者电气设备出现漏电等安全隐患问题的时候，施工人员要进行及时的替换，防止在实际施工的过程中出现严重的安全事故。可以说，通过优化工程设计的工作，可以从根本上保证材料和设备的质量可以达到施工的要求。

（二）强化施工人员的职业素质，提升安全意识的认知度

机电工程施工人员需要对施工现场以及施工图纸做到熟练地掌握，并且施工人员需要结合施工的具体要求全面的控制施工的流程。在实际施工开始之前，管理人员可以对施工全体人员开展全员培训，给施工人员讲解施工中应注意的事项。

举个例子来说，管理人员可以给施工人员讲解如何避免风险的发生、定期的维护和保养电气设备等事项，在此基础上管理人员可以定期地对施工人员进行专业技能的培养和考核，强化施工队伍的建设力量。

与此同时，管理人员可以适当地建立合理的施工管理制度，确保施工人员的操作水平

能够保持在规定的标准之内。另外，在实际施工的过程中，工作人员一定要严格按照图纸和设计方案进行施工工作，一旦出现施工现场流程环节与图纸方案不符的情况时，施工的管理人员应该及时的与设计师进行沟通，确保工程的建设质量，从根本上保障机电工程施工的质量和安全。

（三）完善技术管理与应用水平

在完善工程技术管理与应用中，施工企业若想取得较好的管理成效，就必须加强对弱电工程的管理力度，确保弱电施工各个安装环节的合理性与规范性。这就要求施工人员在实际的安装过程中，需要对弱电施工涉及的流程环节进行逐项检查，主要是对安装设备和安装技术实行检查，在保证流程环节合理性的基础上，依序开展后续的施工工作。

与其他施工项目相比，弱电项目在施工工期上具有明显的不足，实际的施工工期明显比其他施工项目短，且电气设备的使用成本较高，管理起来具有一定的难度。为了提高施工管理水平，施工人员可以在前期工程施工时完成管线铺设工作，优化后期的技术管理与应用水平。另外，施工人员在整体安装与解体安装方面，必须掌握好相关的技术要求与安装流程，避免出现使用不当的情况，从而造成施工成本增加的后果。

综上所述，机电施工贯穿于城市建筑施工的各个环节中，其施工质量的好与坏极大程度上会对整个建筑工程的施工质量造成直接的影响，甚至会对施工成本以及今后的投入使用造成直接的影响。基于此，相关人员必须对现阶段机电工程施工管理中存在的问题予以高度的重视，并及时地采取对应的解决措施进行有效的解决，确保工程主体的质量安全。

第五节　地铁机电施工综合联调

从运营的角度来看地铁机电施工综合联调的目的，通过对地铁机电的设备进行更深层次的测试，主要就是对各车站所使用的设备是否符合国家政策的使用标准进行分析，各设备的性能是否能够达标，综合联调的重点检查内容是关于车站环控和消防系统是否符合国家的运营标准。尤其是在车站内如果发生紧急情况时，两个系统是否能够同时投入使用，通过这种综合联调的测试，可以全方位的对车站设备进行检查，特别需要注意的是各设备之间的接口功能是否存在问题，在联调过程中，记录相关问题并记录整理，然后及时对存在的问题进行处理。

关于自动化的监控系统，已经是在世界各地成功运用到地铁等交通工具上的成功范例，在具体的设备进行使用前，一定要经过多次的测试。单纯从运营的角度来分析联调的目的，在车站各设备的投入使用前，必须也要按照具体的步骤进行相关的测试，保证车站各设备的性能能够达到运营的使用标准，重点的联调对象是针对车站的环控和消防系统，通过这种联动的功能测试，可以全方位的检查车站是否能够在发生紧急情况的条件下保证这些设备的完好性。通过这种动能联调，可以详细的检查各设备的具体情况以及是否存在问题，并在检查过程当中做好完整的记录，整理成报告并及时将这些问题进行处理。具备综合联调的前提为先把每个设备通过单体调试，保证设备运行正常。综合联调指的是将每一个设备分别进行调试，然后将每一个系统都联合在一起。机电标和综合监控标的相互配合，相互整改才能根据设计的要求，同时满足运营部门的使用要求。

一、接口问题

关于地铁车站这种公共性的交通场所，一般都涵盖三个子系统，分别是通风空调、动力照明和给排水三方面，在这三个部分当中，其内部存在着许许多多的接口装置，而且外部相连其他系统的接口也比较复杂，比如和通信系统、信号、灭火系统等的一系列连接。在机电安装的过程当中，各个系统之间有着独立运作的关系，但少不了一系列的联系，这就决定了接口工作具有复杂性的特点，而且在整个系统的运作过程中，很多时候经常由于接口的不完整性导致整个设备出现问题，所以，机电系统与内外部接口的联系至关重要，这样才能使整个系统进行有效的运转。特别是监控接口更要注意，比如湿度传感器、流量计、电磁阀和报警阀这些设备的监控接口，一定要满足遥信、遥控的需要。

二、单体调试

在整个设备安装结束以后，但是并没有连接系统进行投入使用时，这时候需要进行单体调试的环节，依据我国规定的各项技术指标要求，要对设备进行具体的调试，合格后才能进行投入使用。单体调试在整个综合联调的过程中处于基础工作，单体调试必须保证完全准确，才能保证联调的进行。单体调试过程中会发现很多问题，根据杭州地铁3条线路的调试过程，把常见的或者不容易处理的问题进行论述。

（1）双电源设备不能够进行主备回路切换，常见原因为设备的保险管损坏，采集电源线松短。不能够自复的问题为设备的工作方式为常主常备，需要改为自投自复。

（2）未达到设定压力、堵塞电流过大以及功率过低的情况下，马达的保护器会产生设备报警。这需要根据现场调出一个合理的数值，数值过大就起不到保护的作用。

（3）电动风阀存在所有电气控制回路正常但不能开阀关阀的情况，若不是风管存在风压，常为风阀主体有变形需做修整。

（4）区间疏散指示灯常见问题是疏散箭头指示方向不对，需根据现场来进行接线调整，灯具需要考虑现场的安装方向。

（5）消防水泵常见问题为故障不能切换，厂家是具备故障切换功能，常规办法为按热继电器的 reset 按钮。

（6）风机常见问题为转向问题，需要调线校对，但是最危险的是由变频器控制的风机回路，工频和变频的转向不一致。处理方法为转向以工频的正确转向为主，进行变频器的内部参数调整。

（7）现场控制箱不能启动，如果控制回路正常，常见问题为控制箱按钮安装有问题，这也是容易忽略比较难发现的问题，例如启动按钮选用的常闭，停止按钮选择的常开，旋转开关现场和就地接线错位，更不容易发现的是控制箱旋转按钮标示接反。

三、模式调试

在模式控制中主要包括三个方面，分别是正常、阻塞和火灾模式的控制。

（1）关于对隧道通风模式的解释，主要是包括三种模式，正常、阻塞和火灾模式。对隧道通风模式进行检测主要指的是针对通风模式的等级，在操作过程中是否存在误区以及手动功能是否能够达到运营标准。机电专业的 T VF 风机系统和疏散系统一切正常是完成隧道通风系统模式的前提，TVF 风机和组合风阀的连锁关系也是常见问题。

（2）关于通风的系统模式主要包含两方面，分别是正常模式和火灾模式的控制。在车站等公共场所进行检测，主要是检查设备系统控制模式的优先等级，操作是否正确，能够满足通风模式的需求。机电专业的大系统作为调试重点参与全部车站通风系统测试。

（3）在车站的整个设备检测过程中，照明系统的使用正常性也是至关重要的一点，通过检测观察照明系统是否能够满足车站照明的控制要求。

（4）关于 FAS 的自动触发模式，这种模式在使用时有一定的限制，只对火灾模式有效，当检测到火灾的发生信号时，其系统能够自动根据报警信号进行自动模式的控制。来完成机电专业设备的正常工作。在进行综合联调的过程中会发现许多问题，如果是关于系统的设计上有缺陷，那需要设计师再重新进行图纸上的具体研究。设备不能启动，不能停止，没有反馈等问题，需要两家单位同时查找，机电专业先查就地模式，然后和系统单位施工技术人员一同逐点排除。

在综合联调的过程中发现，许多监控系统和设备中都和许多内外部的接口有联系，而且具有复杂性，而且直接和地铁车站能否在发生特殊情况时进行有效的运营有着极大的关系，所以这种综合的联调是非常有必要的。

第六节　建筑机电施工管理协调与组织

建筑机电设备技术拥有较大的发展规模，在建筑机电施工的阶段一般会涉及新设备、新材料等一些新型的技术，使得建筑项目对机电安装施工有着十分严格的要求，由此可见，对建筑机电施工管理工作的协调与组织的研究，有着一定的现实意义。文中分析建筑机电施工中施工管理出现的问题，对建筑机电施工管理协调与组织研究进行了探讨分析。

在对机电工程进行管理时，需要保证该工程的质量、成本、进度以及安全等协调进行，施工管理的最终目的是保证机电工程高质量、高效率的完成。然而，由于部分施工企业为了自身的经济利益，忽视了施工管理的重要性，进而给整个工程造成了不可估量的损失。本文主要依据相关的施工管理经验，提出了建筑机电施工管理的具体措施，以供参考。

一、建筑机电施工管理常见的问题

（1）机电管理职能不明确，造成管理混乱。机电行业进行管理工作内容包含很多的程序和部分，若某一个部分出现了混乱，就会让整个机电管理内容变坏。所以，对于机电的管理内容需要非常严格的规则进行约束，尤其是在建筑企业的机电管理工作人员进行机电管理的同时，需要具有非常专业的水准和实践经验多的工作人员来进行工作。这样的工作人员对于工作内容相当纯熟，自身拥有非常专业的技术，但是非常容易出现因为自大产生的漏洞，往往就是由于凭借自己工作的熟知，就漠视机电管理规范体制，从而造成机电管理工作混淆不堪，各个部门的管理责任不明确。可以说，最重要的原因是出现管理漏洞不是因为没有足够的水准来进行工作，而是由于自己能力过剩，自己不认真遵守规定，凭借自己的个人意愿来对工作指手画脚，对管理机电工作没有一点好处，并提高了机电管理工作出现问题的概率。

（2）机电设备采购管理透明性低。目前建筑企业机电设备采购仍然以企业对企业的模式，建筑企业的设备采购部门按照采购需求直接对外采购，采购需求的信息发布缺乏透明性，很多供应企业都是一些中小企业，对其质量和信誉缺乏有效的调查。因为在设备的采购过程中，相关的规定并不明确，在采购的时候就有可能产生利益输送的现象，导致设备的采购出现质量问题。

（3）机电设备维护管理技术水平低。当前建筑企业机电设备的维护技术水平整体较差，突出表现在维护人员技术水平参差不齐、维护手段以人工为主、维护反应速度差。建筑企业的机电设备维护人员没有形成长期的机电设备维修培训，造成了维修人员对一些新的机电设备缺乏较系统的了解。完全依靠人工维修，降低了维修的反应速度，也加剧了维修的工作负担，一旦机电设备发生故障时不能及时进行维护，可能会对整个建筑生产管理产生致命危险。

二、施工管理组织协调

（一）加强施工准备阶段的协调与组织

1. 项目组织机构管理

在建筑机电管理的过程中，应该设置专门的管理人员，负责协调项目的各个环节，服务于整个工程项目。相关的管理人员应该负责整个项目的现场管理和控制，对整个项目从图纸设计到施工、验收等进行全面的控制。

2. 强化图纸设计管理

在工程建设项目中一个最关键的步骤就是施工图纸的设计，施工图纸是贯穿整个施工期间的，对于工程的施工管理有着重要的意义。所以，建筑机电管理人员应在设计期间加强管理，保证设计的质量，是否与实际的工程情况相符。再设计前期应做好调查工作，保障图纸的完整性和科学性。施工中的设备、工具的具体安装位置、运行状况、工程所需材料以及相关的数据都应该在图纸上体现出来，保证施工人员可以清晰地对照施工。

（二）施工阶段的协调和组织

1. 施工期间质量管理

通常来说，建筑机电管理中包含：施工初期的进场计划，施工的软硬件设施，和施工图纸的设计等。在保证工程要求的前提下，顺利完成机电工程的建设，就给予相应的技术支持，对于工程设备的采购工作要严加控制，一定要选择符合工程要求的设备，严格按照施工的工序来建设，认真审核施工各个环节的交接状况，检查各个环节的施工质量。在机电安装过程中，要首先测试机电系统的运行情况，保证施工的安全，对于设备的固定和电气的连接等环节都要严格按照要求来进行，最后，对于施工现场的环境也要加强控制，保证工程的顺利进行。

2. 施工现场职业健康和安全与风险管理

施工单位按照施工的具体状况对可能存在的安全隐患进行探讨，并将其记录下来。按照工程对施工人员的健康造成的影响以及安全管理标准，来拟订工程对于职业健康以及施工安全的管理方案，同时递交监理人员核查，经建设单位同意后才能执行。对于施工现场的环境管理，必须做到手工清理，保持其整洁性。对于建筑废物做集中处理，在规定的范围的堆放，合理清除。要指定相关人员对其进行检查，同时还要制定急救方案以保证职业健康服务的有效性。

3. 大力培养高素质的操作人员

因为建筑机电涉及的范围很大，操作也比较复杂，对于相关的施工人员的技术要求也比较高。所以，对于机电施工人员一定要加强培训，按时组织业务交流，丰富施工人员的实践工作经验和理论知识。第一，为了避免由于人为原因造成的安全隐患，还需要对施工工序进行严格的监督和控制，进而不断提高施工人员的技术水平。第二，施工单位在选择施工人员的时候，就要选择专业知识丰富的人员，要定期组织业务培训，完善使用人员的专业知识水平。第三，对于工作人员的工作流程和操作过程都要非常严谨，避免出现质量问题由于不当的操作程序而出现的。

三、竣工阶段的协调和组织

（一）完工运行测试

工程完工后，要对于机电工程进行相应的测试，包括对于全部设备进行检测，部分设备随机抽查，按照我国法律法规的条文来规范建筑机电施工检测工作人员的工作，要符合相关的条文和规范以及建筑工程所规定的有关文件，按照这些来进行检测建筑机电的工作，建筑机电检测工序成功之后，下一步是监理人员进行审查，检验通过之后，才可以最终进入到最后的测试竣工阶段。

（二）健全文件归档制度

建筑机电工程的档案必须真实记录工程施工的各个环节。保证其真实性和完整性。对于工程建设的各个环节和实际工程状况必须真实记录，具有保存价值。对于建筑机电施工中用到的资料和图像等要认真准确的记录保存，不能出现不记录的现象。为以后工程的养护和维修等提供参考。

通过对当前建筑企业机电设备管理现状的分析，总结了当前机电管理中存在的突出问题，这些问题主要集中在采购、施工、维护和改造等四方面，根据建筑企业机电管理的发展趋势，从电子采购平台、职工追责机制、技术竞赛和改造评价体系等四方面提出了响应对策。建筑企业机电管理工作是一项系统的工作，只有采取综合措施，才能提高机电管理工作的整体水平。

第四章　机电施工管理

第一节　公路特长隧道机电施工管理与技术

在公路特长隧道工程施工过程中，机电施工管理和技术创新是本工程的重难点，需要工作人员特别关注。并且该施工工程中需要运用的知识涉及多方面的知识，跨度比较大，这是本工程和其他类工程的区别所在。在这样的背景下，笔者主要通过自己的实践经验对公路特长隧道机电施工管理和技术创新进行相关分析。

伴随着我国社会经济的快速发展，公路的建设规模在不断扩大，公路的隧道安装工程也逐渐变得多了起来，也成为施工人员不得不面对的主要重难点问题之一。因为公路隧道项目的困难性，涉及了多领域、多方面学科的交叉，并且除了要注意公路施工工程本身问题，还需要注重到机电和通风等其他技术应用。实际上公路特长隧道的机电施工是一个特别复杂、整体的工程，其中涉及了机电、机械自动化等多个领域，这就使得跨学科、多领域合作工作更加的困难，对于工程中的质量以及运行中的安全性都提出了极为严格的要求。因此对于公路特长隧道的机电施工工程实施正确的管理和更深层次的技术创新是非常重要的。

一、实例

某高速公路全线共长 23404m，一共有两条隧道。其中，某一段隧道左线长 13654m，右线长 13570m，给隧道机电施工带来很大困难。结合公路机电施工过程，对公路特长隧道的施工管理和技术创新进行了探索和分析。

二、公路特长隧道机电交通特点

总特长隧道机电工程具有投入大、战线长、耗时短、结构复杂和质量安全要求高等特点。公路特长隧道内的空间狭小，路线长，车流量较大，隧道内部和外部光线变化比较大，隧道内交通情况是十分复杂的。在特长隧道交通中，车流量集中，通风较差，使得许多的车辆排放物不容易消散和稀释，既损害了人体的健康，又降低了可见度，也污染了环境，阻碍车辆的正常行驶，极易引发交通事故。因此，建设合理的隧道机电系统十分重要。

三、公路特长隧道机电工程项目里的相关施工管理方法

（1）质量保障措施：在进行隧道机电施工过程中，首要的任务就是要保证整个工程的质量品质，从而来提高工程的整体经济收益效果。这就需要项目的主要负责人定时的安排专业的质量检测人员来完成平常的质量检查和控制任务。尤其是对于工程中某些容易出现问题的死角需要进行全方位、实时的检查管理，从而保障其中没有问题出现。另外在整个工程建设完成之后，需要按照交通部门的相关规定来检验工作，而作为质量检测人员就需要在检验前了解一线人员的工作情况中是否有质量问题，如果出现问题应及时进行修复。另外工程完成后，让工作人员迅速地整理其中的资料和数据，然后填写并上报给相关部门，申请工程验收。

（2）进度措施：在公路特长隧道施工中，应采取有效的进度控制措施，确保工程在一定时间内完成。随着各个子工程的竣工，将会直接影响整个隧道机电工程的施工质量，做好各分工程的施工操作和验收控制工作，提高阶段性的检查和管理，采取有效的措施及时处理突发情况，必要时实行加班制度，为了避免影响下一个工序的启动，这对于保证子项目顺利施工中起着特别重要的作用。在时间控制中，确保进度是保证按工期完成验收的关键。在整个施工过程中，应相应地调整进度表，以保证进度的可行性。为了保证每个节点准时完成，必须对劳动力、机械、设备材料三要素进行动态监测，确保及时按需分配。

（3）安全措施：在公路特长隧道施工过程中，由于施工环境狭窄、暗淡、隧道长、工作面过多等环境的限制，造成了一系列安全问题。因此，在隧道机电工程中必须要把安全施工放在首位，以保证每个施工人员的安全。这就需要在工程开工前对所有施工人员进行安全培训，以提高每个员工的安全意识。此外，具有的潜在危害地方需要张贴反光的标志在机械和设备上，以起到提示和警示作用。最后，在施工过程中，隧道的交通直接威胁着施工人员的生命安全。为了避免因交通运输问题引起的重大事故发生，在工程建设中必须把安全施工放在首位。总而言之，当我们在隧道内进行安全工作时，必须做好各方面的协调工作，以达到预期的施工效果。

四、公路特长隧道机电施工工程中进行技术创新的重要性和办法

（一）技术创新的重要性

随着我国社会经济水平的提高，公路建设规模也在进行着不断扩大，因此，有关问题也就日益显现了出来。要处理好公路建设，就必须及时更新机电施工项目的技术创新理念。

没有技术的创新，也就没有办法应对工程中不断出现的问题，过去建设中遇到的问题也就没法得到解决。因此，保证技术创新理念的更新，才可以解决建设道路所遇到的各种问题，从而降低施工成本，提高施工质量。

（二）技术创新的方法

（1）在公路隧道施工中最重要的部分就是照明工程，照明工程的质量好坏涉及车辆的安全行驶。传统的无极调光方法早已被淘汰了，现在常用的施工措施是逻辑开关法。该方法比以往的方法更为简单，线路设计更简洁，操作起来更为明了。另外，灯具的选择也就更加灵活，有助于维护保养工作的顺利进行。因此，洛利开关阀早已被世界许多的国家和地区所认可，并得到了多方面的应用。这种施工方法是基于人眼对光线的适应，并调节隧道进出过度区域的亮度，以便亮度随着人眼的变化而调整。

（2）在隧道桥梁顶板安装过程中，由于隧道水平的方向上存在一定曲率，很难将线路直接放在隧道顶部。为此，隧道的线路首先放置在隧道上，在线路被放置之后，用线坠将被需要的点返回到洞的顶部。此外，由于洞的顶部桥架、灯具、电缆和各种测量和监控设备安装需求极大。需要制作20个移动安装平台。平台的表面是为了适应洞顶的弧度呈台阶状。平台的宽度略微小于路面宽度的一半。每个平台上有四个行走轮，许多反光标志贴在平台柱上。大大提高了劳动效率。

（3）由于公路特长隧道内线路比较长，因此导致了隧道内通风不良。容易出现巨大工程问题，为了能保证工程顺利进行下去，就需要进行充分的通风量。因此，在施工过程中通常采用吊顶压入式箱道通风的通风技术，取消了传统的常规风筒压入式技术。该技术通过彩色钢板告知公路隧道分为斜井两部分，一个是进风管道，另一个是排风管道，然后采取相关措施完成隧道通风。该技术既保证了隧道内通风的需要，又不需要在各隧道斜井处安装通风机，大大减少了施工量，因此缩短的工期，提高了经济效益。

（4）公路隧道机电施工过程中其中的技术创新也可以通过各个方面的学术的方式进行总结，例如用专利技术、学术报告、工程中的记录进行总结，然后也可以推广到其他相关工程之中，得到这样的经验从而节约了工程的造价。提高了工程的施工速度，保证了施工质量，也提高了工程质量和安全施工水平。技术创新成果不仅能在隧道机电施工过程中得到总结，而且在工程竣工验收之后也可以总结上报。

（5）在施工准备过程中，应需要充分考虑到满足远程应用的要求。工作面需要运输车辆充足，物资充足。并按要求工作。该技术具有技术含量高、配备了相应的测试调试工具等特点。

进行高速公路隧道的机电工程，主要是必须确保按照先前设计的相关方案完成合理工作。其次是进行好每一个子工程的施工进度和保障，确保他们的验收通过。最好在保证其质量的同时也要保证不要拖延工期按时完成，就需要相关人员做好材料、设备和人力的准备以及资源配置工作，同时，要树立管理力量，鼓励技术方面的创新，要借鉴前人经验不要生搬硬套，在工程中应用各种先进技术。公路特长隧道的机电施工过程是十分复杂的。它涉及机电、机械自动化等多个领域，这对工程质量和施工安全提出了非常高的要求。因此，对公路特长隧道机电施工进行科学管理和深化技术创新显得尤为重要。

第二节　机电安装施工的统筹管理

机电安装在当前越来越常见，并且也确实在实际应用中表现出了更强的作用价值，为了促使机电工程项目的应用运行较为合理高效，重点加强对于安装施工方面的详细关注必不可少，尤其是需要做好统筹管理控制，详细分析可能存在的各类隐患问题，综合提升整体管理水平，确保机电安装施工效果。本文就重点围绕机电安装施工的统筹管理工作进行简要的分析论述，希望能够对于未来机电安装工程有所帮助。

随着当前工程行业的不断发展，机电安装方面的复杂性越来越高，相应机电安装施工操作的难度同样也越来越大，很容易在施工操作过程中表现出较多的问题和隐患威胁，需要引起足够重视。为了较好实现对于机电安装施工操作的严格把关控制，需要切实围绕整个工程项目中涉及的各个要点内容进行详细分析，确保各类要素的应用较为协调高效，这也就应该从统筹管理入手进行优化，有效规避可能存在的隐患威胁，确保安装施工流畅性。

一、机电安装施工概述

对于当前机电安装工程的有效落实，其安装施工质量是比较重要的一个方面，直接关系到后续机电工程项目的应用价值，需要切实围绕具体安装施工要点进行详细把关，确保其能够具备理想的安装效果，规避可能存在的各类隐患威胁。结合现阶段机电安装工程项目的有效落实，其涉及的内容越来越繁杂，比如电气机电设备安装、通风系统安装、消防系统安装以及空调系统的安装等，都越来越常见，并且也都体现出了较为明显的复杂化发展趋势，这也就需要重点加强对于机电安装施工的高度重视，确保施工操作能够较为合理流畅。具体到机电安装工程的具体施工处理中，其涉及的内容同样也比较多，除了要重点加强对于各个设备的规范安装处理之外，还需要注重对于使用功能、安装位置以及结构型式等各个方面的关注，确保其安装操作能够具备较强的实际效益，有效规避可能出现的各类隐患威胁，在质量以及安全方面都需要予以足够关注，充分提升整体施工安装水平。

从机电安装施工的具体特点上来看，其表现出了较为明显的多工种施工特点，如此也就更进一步加大了机电安装施工难度，容易在具体施工操作中出现较为明显的问题和隐患威胁，各个方面的配合不畅，都很可能会导致机电安装施工出现故障，如此也就对于安装施工人员提出了更高的要求，相应安装施工管理同样也需要体现出较强的适应性。结合机电安装施工管理需求，有效运用统筹管理模式进行控制是必不可少的，需要确保相关管理工作能够体现出更强的全面性和协调性，避免任何方面出现缺陷和失误偏差。

二、机电安装施工的统筹管理要点

结合机电安装施工操作中统筹管理工作的落实，其需要关注的内容是多方面的，为了更好提升其管理的协调性和全面性，必须要重点围绕以下几个要点内容进行详细管理优化，确保统筹管理能够得到较好推进落实。

（1）做好组织协调管理。对于机电安装施工操作的有效落实，因为其表现出了较为明显的多工种特点，进而也就必然容易导致机电安装施工操作较为复杂，面临的问题和威胁也是多个方面的，从组织协调管理入手进行有效优化也就显得极为必要。结合机电安装施工管理中的组织协调处理，其主要就是为了明显具体施工管理职责，确保各个参与到机电安装施工中的相关人员都能够体现出较强的实际工作效益，有计划地进行管理工作落实。基于此，重点研究机电安装施工要求，明确具体施工任务和技术要点，如此也就能够匹配充分的管理人员，确保相应机电安装施工能够得到全方位有序管控。

（2）机电设备和材料管理。对于机电安装施工操作的落实，其还需要重点把握好对于各类机电设备以及相关材料的有效管控，确保这些基本施工安装处理要素能够表现出较强的实际效益，避免因为这些方面的问题影响到最终的施工安装效果。基于此，必然需要重点加强对于所有机电设备以及施工材料的详细审查，结合设计方案，分析具体机电设备以及施工材料的应用需求，确保类型较为适宜，避免形成较为明显的运行矛盾和冲突。对于机电设备和材料进行详细质量检验也是比较重要的一个方面，同样也需要重点加强对于试验检测分析，了解设备运行性能和材料质量效果，规避可能存在的各类自身隐患威胁。

（3）加强资料文件管理。对于机电安装工程施工管理落实，重点加强对于各类资料文件的有效管理同样也必不可少，比如对于设计图纸、合同文件、施工现场记录等，都需要进行详细收集和有效管理，确保其能够在具体安装施工操作中表现出较强的指导和约束效果，能够对于提升施工操作的规范性和可靠性做出应有价值。比如对于各类合同文件的管理，其不仅仅有助于确保各类物资的应用流畅性，还能够在造价控制方面表现出较强的作用价值，应该引起高度重视。

（4）注重施工安全管理。机电安装工程施工统筹管理还需要把握好对于安全的关注，能够较好了解施工安装处理过程中可能存在的各类安全隐患，并且能够把握好后续机电设备运行可能存在的安全威胁，如此也就能够在施工安装处理中予以高度重视，采取较为合理的施工操作手段进行防护，避免各类安全故障问题发生。此外，切实加强对于施工人员的安全教育，提升其安全意识同样必不可少。

（5）加强验收管理。为了更好提升机电安装施工统筹管理水平，在最终验收环节中进行严格把关同样必不可少，需要确保验收工作能够关注到机电安装工程的各个方面，并且通过试运行等手段进行安装效果的详细审查，如此也就能够最终确保施工质量效果，对于存在的问题和威胁进行及时修正。

综上所述，对于机电安装施工操作的落实，其复杂程度越来越高，难度同样也越来越大，如此也就需要切实围绕机电安装工程项目的施工要点进行统筹管理，确保管理较为全面详尽，综合提升施工安装的规范性和流畅性。

第三节　机电施工管理现状及精细化管理

新时代下，我国经济水平不断提高，带动了我国各行各业发展，近几年，建筑领域飞速发展，构建高质量建筑工程是新时代社会给建筑企业提出新的发展要求，本文通过对机电施工管理中出现的种种问题，提出机电企业应采取相应的管理措施，并结合新时代下机电施工精细化管理优势，全面整治我国机电施工管理中出现的问题。

一、新时代下机电工程施工过程中存在的问题

（一）机电工程安装设备的噪音问题尤为突出

机电施工工程的高质量达标是确保建筑工程质量过关的根本保障，在机电施工的实际工作中，基本施工中产生的噪音问题十分严重，而且很多机电企业为了节省一定的机电设备成本，很多老化的机电设备仍被应用在机电施工工程中，从而使机电设备产生大量的噪音，不但会影响到周围居民的正常生活，而且对高质量的建筑工程达标问题影响重大，针对机电施工工程中存在的噪音问题，机电企业应根据施工中促使噪音出现了状况，采取相应的对策以解决该问题。

（二）机电安装流程不合理

当今时代，由于建筑行业规模不断扩大，其中辅助建筑工程的机电工程施工复杂度也在不断增加，机电工程作为一个安装十分复杂的工程，在机电安装的各个阶段中都要严格把控，用零错误的管理理念管理整个机电安装的每一个流程。首先，要根据我国机电安装的相关操作规则，更加科学规范地进行机电安装工程的每一步。新时代下，我国机电安装施工工程实际操作中，机电施工技术人员水平较低，不能熟练掌握机电安装工程中涉及的每一个操作，并且对操作中出现的严重失误给机电工程带来的安全隐患问题了解其少，从而给机电企业造成了大量的经济损失。另外，机电施工工程的操作流程是有一定顺序的，需要相关的操作人员根据机电施工安装流程进行施工任务，并且强化在机电施工工程中每一个技术人员安全隐患意识，从而确保大型建筑工程高质量实现，当前我国机电安装流程

的技术在实际机电安装过程中存在着许多问题，因此需要对机电安装技术进行不断改进，从而确保机电安装技术人员对相应的操作能够更加科学规范地实施。

（三）机电施工整体严格性较差

建筑工程的施工需求直接影响机电设备的合理选用，构建大型建筑工程就需要使用大型机电设备。在具体建筑施工工作任务中，所需要的机电设备的型号也不尽相同，目前，我国市场上出现了多种多样的机电设备，都是针对当今时代不同的建筑工程而设计的，所以建筑企业在开始的机电安装施工的准备工作中，应根据该建筑施工需求合理选取所需的机电安装设备，不能只贪图经济上的实惠，而将建筑工程的具体的施工需求抛之脑后，从而导致所购买的大型机电安装设备施工所限给整体的大型建筑施工工程带来不必要的损失。当前，在大型建筑工程施工前选取大型机电设备过程中，很多机电企业为了更大程度地节约成本，在机电设备的型号选取中和实际建筑施工工程具体施工需求相违背，不但大大延长了施工周期，而且带来机电安装设备的质量达标问题。

二、新时代下强化我国机电施工管理及精细化管理的措施

（一）制定科学合理的施工流程促使施工周期缩小

在机电施工工程中，施工周期的长短直接影响着机电施工企业的经济效益问题，所以为了使企业创收较大的经济效益，就需要缩短建筑工程周期，而建筑工程的周期主要依靠机电工程施工的进度。所以为了更大限度地缩短机电工程施工的周期，机电企业应重点监管机电工程施工的进度，在管理机电施工过程中，要做到循环渐进，将每一阶段的机电工程施工工作都做到位，机电企业应结合实际情况制定合理的进度周期；并且要求相应的技术人员在规定时间内完成任务，根据机电企业为建筑工程制定的机电安装施工方案，并且对机电施工每一个施工阶段都要做好总结工作，对这一阶段存在的不足之处相应改正，以确保在机电施工过程中避免某些干扰因素给施工周期带来的影响。

（二）机电施工过程加强施工安全管理

安全问题是进行任何一项大型建筑工程要考虑的问题，在机电工程施工过程中的安全问题主要分为两种：一种是工程安全质量；另一种是技术人员的安全问题。机电工程施工的正常运行必将依靠这两种安全保障，因此机电企业应重视在机电工程施工过程中的两种安全隐患问题，首先，要想构建高质量安全的建筑工程，在机电工程施工过程中安全问题要尤为关注。例如机电安装工程中的安装设备质量问题。很多机电企业为了最大限度的节约成本，在大型机电设备的购买中选取二手机电设备进行机电工程施工，很多陈旧的机电设备由于零件的功能欠缺，给整个机电工程施工质量带来了严重的影响，因此应在机电工

程施工设备的购买和应用达标问题上制定相应的安全管理对策强行制约，从而确保机电工程施工的安全性。还有就是机电工程技术人员安全意识方面，机电企业强化机电施工技术人员的安全意识，对机电施工工程中可能出现的安全隐患问题向机电工程施工人员阐述，确保每一个机电施工技术人员都能熟练掌握每一阶段的机电施工工程中所遇到的安全隐患问题，从而采取相应的解决措施，以确保机电工程施工的安全稳定运行。

（三）采用合同式管理方式

合同式管理是新时代企业中出现的一种新型的管理模式，主要体现在双方的共同协议上，同时合同的签署过程受相关法律管理，从而具有了一定的权威性，在当今时代，各个企业的合作都需要签署合同，由于合同内容多、涉及的方面比较复杂，因此在合同的签署过程中一定要十分谨慎，以避免给公司带来巨大的经济损失。在机电施工过程中同样需要签署合同，并且签署合同是进行机电工程施工的重要部分，因此就是要求机电工程施工方要不断强化自身的合同意识，并且依靠法律的保护，在不失原则之下创造出更大的实用价值。当今时代机电工程施工管理更趋向于精细化管理，而在机电施工中签署合同正好符合精细化管理的施工理念，强化合同式管理，不但能整体上把握机电工程施工管理问题，更重要的是将机电工程施工中的细节化处理到完美，强化合同式管理是当今时代机电企业谋求最大化经济效益的必然发展要求，同样对于机电工程精细化管理，强化合同式管理势在必行。

（四）增强机电企业施工人员的整体水平

任何企业的发展都离不开企业员工的整体水平，在机电施工工程管理工作当中，管理工作人员的水平直接会影响到机电施工工程质量达标问题，在机电施工工程管理人员的工作任务制定中，其管理的层面是整体的，不但要对机电施工技术人员的施工技术的选用，还要根据机电施工的实际情况质量进行正确引导。想要更加科学规范地管理机电工程施工技术人员，就需要依靠完整的施工技术人员的管理体系进行针对性的管理，在机电工程中操作的技术管理工作中，要依靠严格的机电操作规则作为管理的重要依据，并且对机电工程施工中表现优秀的技术人员给予一定的奖励制度，从一定程度上更加促进其他机电工程施工技术人员的工作热情。另外在机电施工技术人员的技术操作能力管理工作中，一方面机电工程施工的基础知识掌握情况要进行管理，另一方面，利用这些机电施工基础知识的实际操作进行管理，只有强化人员管理才能整体上提升机电工程的施工质量。

当今社会，在建筑行业的发展之下带动了我国机电企业的发展，其中机电施工质量问题直接关乎着高质量建筑达标问题，因此机电企业应十分重视在机电施工过程中存在的各种问题，对机电施工中每一阶段会涉及的安全隐患问题采取相应的措施，利用合同管理模式的优势，使我国机电行业管理水平实现精细化管理，从而使我国机电行业在未来的发展中一直处于不败之地。

第四节　气田改造项目中机电施工的管理

针对某气田的改造工程机电设备施工，结合实际管理经验，对工程的质量、安全等重要环节的管理进行归纳总结，并提出有效的管理措施。

随着经济的发展，新技术的不断应用，机电安装工程正在向着高水平、高效率的方向快速前进。近几年，某气田立项对部分集气站、调压计量站进行改造，其中包括机械设备工程、电气工程、自动化仪表工程、通信工程等机电安装工程。其复杂性、交叉性使得其施工过程中的管理显得尤为重要。本文主要从施工前期准备过程的管理以及施工过程中的质量、安全的管理工作入手，总结以往经验，开拓思路，提出有效的管理措施。

一、施工前管理

（一）设计图纸管理

图纸设计是施工前期最主要的工作，对机电安装工程施工管理来说，图纸设计管理主要是保证设计图纸的完整性，工程施工设计图纸要充分体现施工设计图的系统性、协调性、有效性，并且保证各图纸之间的标志协调一致，能够清晰说明各种设备、设施的平面位置，同时各种原材料的特性、参数在设备材料表要明确体现。

在相关单位对图纸上的工程量进行前期现场查勘后，组织设计交底是施工前各单位协调、处理问题的有效平台。审核图纸本身的一致性，实际施工的可行性；对与连接设备的匹配、基础构件尺寸的匹配等重要环节进行核对。磨刀不误砍柴工，前期工作的细致将会在很大程度上保证施工的顺利实施。

（二）工程材料管理

材料管理往往是制约施工进度的关键影响因素。根据施工管理的程序可以把材料管理分为二部分，即材料进场验收、二次取样材料检验的见证。

1. 材料进场验收

进行材料分类进场验收管理。按照普通设备材料、需二次试压的设备、需二次检测、试验的设备材料进行分类。普通设备材料进场前应检查产品的合格证、材质证明文件、规格型号与图纸是否一致、外观质量是否合格等。需要二次试压的设备除检查上述内容外，还应检查二次试压报告及本体铅封或标记；而对于需二次检测、试验（校验）的设备材料还要检查其二次检验（校验）报告。同时要核对检测单位的资质及出具报告的有效性。

2.二次取样材料检验的见证

把好材料关，是控制工程进度和质量的关键。尤其对于水泥、沙子、空心砖、特种钢材等大宗材料的二次送检，甲方及质量监督人员应切实跟踪整个送检过程，保证取样的有效性和材料的真实性。只有这样，才能从根本上保证工程的质量。

二、施工过程的质量技术管理

质量是一个工程项目的生命。一个合格的机电安装工程必定是科学的施工方法、合格的设备材料、合理的施工层次及工序、人员机具安排的协调配合等方面完美结合的成果。以下从几个方面对气田机电项目的质量控制进行阐述。

从土建的墙体砌筑施工开始，机电安装技术员就要介入，对室内电缆穿墙配管、配电盘柜、控制机柜及穿墙套管的预留位置进行核对。同时压缩机、机泵等一些大型机电设备的混凝土基础开始预制时，要与相关厂家结合预埋件的尺寸及安装形式，确保设备进场后能正常安装。

在电缆敷设时，电缆沟开挖应注意避免破坏沿途地下、地面设施。同时核对电缆的位号、走向及型号是否准确。需要特别注意的是将控制电缆与电力电缆严格分开，电缆桥架内要有隔板分开，在电缆沟内要保持有效距离。

在气田的改造施工中，变送器、流量计等电气设备的安装一般需要进行工艺管线的切断和焊接，只有参照安全规定，制定严谨的施工技术方案及应急预案，将环境因素考虑周全，才能确保焊接质量。同时由于焊渣对精密仪器仪表的损伤较大，在施工中及施工后应特别注意焊渣的清理，实践证明吹扫和强度试压环节能够有效防止焊渣对严密设备造成的损坏。

接地施工过程中，用电设备壳体、控制电缆屏蔽层必须接地；还要注意接地体的连接处的搭接情况，焊接点的搭接面积及防腐情况等。

三、施工安全管理

在施工事故的统计中，可以显而易见的看到每年的机电工程施工事故多发。究其原因，机电类工程涵盖的专业较多，往往形成交叉作业的不稳定局面，是施工安全的薄弱环节。因此，安全问题的发生从根本上说是安全意识的淡薄，以下总结实际工作中可能存在的意识问题，并提出落实办法。

（一）人员安全意识存在的问题

施工管理者及操作人员的安全意识不到位可分为两个层面。

（1）基础层面，随着施工措施和设备的不断更新，要求施工人员对新方法、新事物的相关知识理解透彻、熟练掌握，在这一点上做不到位，就无从谈起安全意识。

（2）管理者和操作人员轻视施工安全的错误认识层面。在现实中体现较为突出的有以下三点：

1）认为抓安全主要是企业质安部门和政府职能部门的事；提高了安全标准，必然要加大工程造价；提高经济效益及社会名誉的唯一途径，就是提高产品质量等错误认识。

2）重视书面规定，轻视现场管理。一些领导和工程技术人员认为：施工安全的各项措施、承诺，均符合招投标程序与甲方要求就行了，而对现场施工中的安全问题，只要应付一下，不出事就行了。

3）重视资历经验，轻视计算数据。一些施工人员认为现场应用与操作的载重机械、计量设备、带电导线等，都应以资历高、经验足为导向，而计算数据只是复杂烦琐的数字，不能作为实做的依据。

（二）提升安全意识的建议性方法

针对以上安全意识问题，提出5点具体做法，供相关人员参考：

（1）对实际指挥及操作人员加强专业安全、技术措施的知识培训。

（2）管理人员在施工前应对施工现场的相关人员进行安全技术交底。

（3）将安全法律、法规逐件分批公示在安全教育宣传栏中。定期将安全典型事例事故教训对相关人员宣贯。

（4）建立安全隐患发现及处理的奖惩制度，提高人员的对于安全保障工作的积极性。

（5）对于安全系数较低，危险性较大的施工作业，要出台施工方案，建立严格的审批制度，层层把关，做到零隐患施工。

气田机电改造项目的施工纷繁复杂且危险性较大，在建立合理的管理制度的基础上，制度的落实及相关人员素质的提升才是施工管理的根本保障。

第五章　机电一体化技术概述

第一节　机电一体化与电子技术的发展

随着我国的科技飞速发展，也促进了机械电子技术的不断进步。经过这么多年的发展，电子信息已经成了目前机械领域中最为重要的部分。经过不断的努力，机电人员已经把电子信息技术与机械电子技术有效进行结合。使机电技术得到了根本性的创新，使我国的机电一体化技术得到了实现。而本文就简答研究了机电一体化技术目前的发展情况，希望能够对相关从业人员有一定的帮助。

随着社会经济的快速发展，不同领域之间的科技联系也越发的紧密，呈现出统一化的趋势。这使不同行业的技术更加有效的融入一起，在很大程度上推动了我国的工业技术发展速度，使机电一体化技术更快的发展。大力发展机电一体化技术，对我国的产业改革来说具有重大的意义及价值。

机电一体化主要包含了以下几方面的内容：机械技术、电子技术、微电子技术、信息技术以及传感器技术等等很多种技术的融合。机电一体化的设备几乎在不同的现代化生产领域中都有应用。按照相关的理论研究就能够发现，这属于是系统功能特性，研究不同的组成部分要素，把这些要素有效结合起来，使工作更加顺利地开展。系统当中的信息流动能够有效控制微电子系统程序，从而形成更加合理科学的运动形式。

一、机电一体化发展历程

（一）第一阶段

最早的机电一体化源于数控机床，对我国的工业化发展有极大的推动作用。

（二）第二阶段

机电一体化发展到第二阶段为微电子技术，这一阶段的机电一体化已经应用到了生产环节中，有效促进了工业化生产的升级变革。比如在汽车领域，那一时期的微电子在总的产品中占据的比例达到了百分之七十。随着集成电路的应用，使汽车制造业的精确度得到了极大的提升，进而使信息化技术得到了大范围的应用。虽然微电子技术的不断进步，在很大程度上提高了设备的运行期限。

（三）第三阶段

第三阶段就是 PLC 控制。PLC 也被称为可编程逻辑控制器，可显示的机电一体化已经进入到可编程控制的发展时期。第三阶段的发展历程相对较长，主要是单机转变为多CPU 控制的过程。基于 PLC 的机电一体化的常用控制系统主要包含的种类有：SCADA 系统、DCS 系统以及 ESD 系统。在第三阶段发展到后期的时候，PLC 控制系统当中已经可以进行现场总线的布设，而且可以为系统提供通信接口，基本上已经实现了网络技术在机电一体化中的广泛应用。

（四）第四阶段

第四阶段属于很多新型技术喷发的阶段。从整个的 PLC 阶段发展历程来说，在机电一体化中应用 PLC 有效促进了机电一体化的发展，应用了很多新的技术。第四阶段的新技术主要有以下几钟类型：第一种，信息技术。也就是对信息进行高效处理的方法，从而得到相应的机电加工信息，从而大大提高了信息技术在机电一体化当中的经济收益；第二种，模糊技术。该技术通常情况下是用在对机电一体化中的模糊信息处理上，使传统的熟悉逻辑限制不复存在；第三种，激光技术。该技术在很大程度上提升了机电一体化中的集中控制，已经基本拥有普通光源没有集中以及定位功能。在材料中经常用于穿孔或者是打孔。

二、后期发展方向

（一）智能化

电子技术主要的优势包括：能耗低、污染小、信息含量大、等等；主要的特点包括：多功能、高精度以及智能化。将电子技术与计算机操作系统有效结合起来，在很大程度上提高了机械设备的精密度。详细内容有以下几方面：在制造微电子的过程中，一定要对车间的尘埃颗粒数量、直径还有芯片材料的杂质严格进行检测，必须要达到超净、超精的相关规定要求；在设计电子电路的过程中，利用计算机智能技术，就可以使仿真能力得到充分发挥，进而就可以设计电路版图、印刷电路板、等等；为了使电子产品功能更加全面，把自控技术、精密机械将计算机技术有效进行结合，来使电子设备的自动化水平得到提升。

（二）微型化

随着近几年电子技术的飞速发展，相应的电子产品也慢慢向着精良化、功能齐全化的方向迈进，并且产品的外观也越来越小巧。随着我国的大规模集成电路以及集成件飞速的发展，为电子产品的微型化提供了重要保障。现阶段，在电子产品结构中使用的大部分是铝合金以及塑料合金等，使产品的外观有了非常大的改变，变得更加小巧、轻盈。在连接设计电子元件的过程中，为了使元件更加的精小，就应用了片式元件和片状器件。相对比传统的插装元件来说，贴片元件的体积以及重量都减少了很多。通过表面组装的技术，可以使电子产品缩小一半的体积，降低百分之七十多的重量。

（三）绿色化

电子技术转变为绿色化是未来必然的一种发展方向。欧盟已经在 10 年前就已经就明确规定了电器设备中的有害物质，明确规定电子电器产品当中的铅、多嗅联苯等有害物质的含量制定的标准。我国也在 2006 年的时候实施了电子产品的污染控制管理办法，明确规定了报废的电子电气设备回收以及环境要求。另外，实施这一管理办法，也在很大程度上提高了电子产品的入门标准。

（四）集成化

电子技术未来的主要发展趋势之一就是集成化。主要就是使企业管理形成集成化、现代技术的集成化以及技术的集成化。随着微组装技术以及表面组装技术的不断进步，为电子系统集成化的实现奠定了坚实的基础。而微组装技术就是通过三维微型组件、超大规模的集成电路等元器件，利用多层混合组装以及裸芯片组装的方式使电子系统集成。其中的表面组装技术，就是通过自动组装设备把无引线的表面组装元器件安装到线路板中，从而实现集成电子系统。

（五）微机电

电子产品非常容易受到周边环境以及自身结构的影响，在进行生产、运输以及使用的过程当中有非常多的安全隐患。

总而言之，想要实现机电设备的性能提升，就必须要加强重视机电一体化与电子技术的结合，两者的快速发展能够有效提升机电产品的综合能力。所以，本文就对机电一体化的发展方向简单进行了阐述，并且也提出了相应的建议，希望可以为电子技术的发展做出一定的贡献。

第二节　机电一体化中的电机控制与保护

机电一体化对机械装置技术和电子技术进行了有机结合，在工业企业生产中得到广泛应用，为生产效率和效果的提升提供了强有力的支持。电机是机电一体化中的重要设备，其运行情况对实际应用效果会产生较大的影响，各企业需要对其控制及保护工作产生足够的重视，本文对机电一体化电机构成及工作基理进行说明，之后对其控制和保护进行分析。

机电一体化具有动力功能、控制功能以及信息处理功能，可为相关工作提供更多的依据和技术支持，为此其被广泛应用至各行业中，随着时代的不断发展，对其机电一体化提出了更多更高的要求，为了使其更好地适应时代发展要求，相关人员需要做好各方面研究及管控工作。下面笔者总结自身经验对机电一体化中电机的控制与保护进行分析，以期为实际工作的展开提供可供参考的建议。

一、机电一体化中电机的构成及工作基理分析

第一，对电机构成进行分析。现阶段，交流电动机在机电一体化中比较常用，包括单相交流电动机和三相异步电动机，前者在民用电器上的应用次数较多，后者在工业上的应用频率较高；电机结构包括执行驱动和控制，其中执行驱动由位置传感器及三相伺报电机组成，控制部分包括单片机，整流模块，故障检测，PWM 波发生器以及输入、出通道、等等。

第二，对电机工作基理进行分析。电机执行系统使用电流传感器、电压传感器及位置传感器进行相关检测，在检测完成后会成功获取逆变模块的三相输出电流以及电压、阀门的位置信号，使用 A/D 转换后进入单片机，单片机依靠 PWM 波发生器实现控制电机运行的目标。380 伏电源全桥整流为逆变模块提供直流电压信号，下面对三相异步电动机的工作基理进行说明：在三相对称电流进入三相对称绕组中会形成圆形旋转磁场，之后转子导体会对旋转磁场的感应电动势及电流进行切割处理，电磁力会对转子载流导体产生一定的作用，在一定时间后会形成电磁转距，进而使电机中的转子进入转动状态。

二、机电一体化中电机的控制与保护分析

（一）机电一体化中电机控制分析

第一，对电机阀位和速度的控制进行分析。阀位和速度是电机控制中的重要内容，各企业需要充分重视两者的控制工作，当前多使用双环控制方法实现控制两者的目标，双环包括速度环和位置环，速度环可对电机设备的运行速度和指定发生器事先设置的速度展开

横向对比，在对比及分析后会使用速度调节器对 PWM 波发生器的载波频率进行相应的调整，从而对电机转速进行有效控制；位置环将电机位置速度的设定值和 PWM 波发生器给出需要的速度值作为依据实现控制电机转速的目标。电机大流量阀执行结构在实际运行过程中会出现匀速，加速和减速三个时期，以上各时期在加速度和速度调节时间均不固定，会出现不同程度的变化，基于此为了更好地控制电机阀位和速度，工作人员需要做好实际阀位和指定阀位横向比较的工作，当情况比较特殊时还需要对实际阀位、指定阀位以及其速度进行准确计算，进而为机电一体化应用效果的提升提供更多的保障。

第二，对电机保护装置的控制进行分析。电机设备运行过程中在种种因素影响下可能会发生逆变模块类的故障问题，此种情况会使变频器输出电压和电流频率的稳定性有所降低，并且对电机运行效果会产生一定的负面影响。使用常规电压互感器和电流互感器不能更好地对电机进行控制，工作人员需要根据实际情况开启电机控制保护的功能，使用此功能及时获取电机运行过程中的电流，比如：使用霍尔型电流互感器可对 IPM 输出的三相电流进行准确测量，IPM 输出的电压会依靠分压电路检测电机保护装置，进而对电机电流的频率和电压的频率进行有效控制。

（二）机电一体化中电机保护分析

随着电机使用时间的延长，其可能会出现不同程度的故障问题，如果未及时发现和解决故障问题，其运行效果将会大打折扣，为了规避以上情况各企业需要不断提升电机保护工作的重视程度。在实际保护过程中工作人员需要做好以下几方面工作。

第一，对电机运行前的准备工作产生更多的重视。前期准备工作是否到位对电机运行情况会产生较大的影响，工作人员需要按照规定要求对以下工作进行落实：其一，在正式启动前对电源是否通电进行检查，对启动器的情况和熔丝大小与规定要求是否一致进行判断；其二，对转子，负载转轴，电机外壳以及电动机是否准确接地进行仔细检查，观察负载设备启动准备工作是否充分；其三，在电源接通后工作人员需要对电动机，负载设备以及传动装置的实际运行情况进行密切观察，如果存在异常情况需要立刻断开电源进行排查，在上述工作检查通过后电机才能正式投入使用，从而保证电机安全、高效的运行。

第二，做好运行中的监测工作。电机运行阶段比较容易出现故障问题，各企业需要派专业人员使用先进的技术和设备对其运行状态进行二十四小时的监测，监测内容包括电压，电流，振动频率，气味以及响声，等等，通过监测工作对其运行过程中存在的故障或者隐患等进行及时察觉，之后到现场进行实际调查，在掌握原因后制定行之有效的方案尽快进行处理，避免产生过多的负面影响，确保电机正常运行，为企业生产工作顺利进行奠定坚实的基础。

第三，定期对电机进行检修和维护。定期检修和维护是减少电机出现故障问题的重要方法，企业需要招聘技术水平及综合素质较高的人员组成一支高水平的检修队伍，其工作任务是按照事前制订的计划完成电机检修及维护工作。在实际工作过程中维修人员需要亲自到现场对电机传导轴承，制动部件以及其他构件等进行详细检查，对其运转情况和有无故障问题进行判断，如果发现异常情况需要马上在现场展开排查，对故障范围及其会产生何种影响进行确定，当故障问题不严重时可立即采取措施进行处理，当故障问题比较严重时需要及时报告给上级部门，在获得允许后及专家分析后制定针对性对策进行处理，保证在短时间内解决故障问题，将其产生的影响降至最低。与此同时电机长时间使用后其中的一些零部件会出现老化的情况，在发现老化部件后维修人员需要及时上报，让采购部门购进同种类和同规格的部件，使用全新的部件替换已经老化的部件，保证电机正常运转。除此之外，相关资料明确表示每台电机的使用时间在十万小时左右，如果超过此时间电机的运行效果和安全性将会明显降低，如未及时更换出现安全意外的可能将会大大增加，基于此各企业需要做好电机工作时间的记录工作，在到达使用寿命时需要及时进行更换，在更换时并非必须购进与原来完全相同的电机，在技术不断发展下，电机种类及功能均向多样化的方向发展，企业可根据当前生产情况和要求合理引进一些新式的电机，简化原有工作流程，进而为机电一体化作用的发挥打下良好的基石。

电机在机电一体化中占据者重要的位置，做好其控制及保护工作对机电一体化作用的发挥有较大的积极影响，并且提升电机自身运行的安全性及稳定性，此篇文章笔者对电机阀位和速度的控制、电机保护装置的控制进行分别说明，针对其保护提出重视运行前的准备工作、做好运行中的监测工作定期对电机进行检修和维护的措施，希望各企业能够充分意识到电机控制和保护工作的重要性，能够将各项工作落实到实处。

第三节　船舶机电一体化管理系统设计

船舶机电一体化进程是未来绿色船舶技术发展的必然方向，是船舶机械化、电气化和智能化的发展趋势。首先对船舶机电一体化的研究现状和具体应用进行了总结分析，随后基于现有的一体化设备，仿真设计一套完整的船舶机电一体化管理系统，可以方便地对一体化应用进行集成控制，相应的研究结论对船舶机电一体化未来进一步的发展提供了相应思路。

随着科学技术的不断发展，船舶应用技术水平也越来越高，更好的技术应用在船舶之上，可以支撑船舶数量发展、安全性进步以及航运利润的增强。所谓船舶机电一体化，指的是船舶上的机械部件、电子装置、计算机软件和计算机工程之间的协调性整合，同时加入了终端控制，独立设计的个体可以在船舶上形成一个整体。船舶技术的发展一直都伴随着一体化进程的推进，除了能够带来技术上的便捷，在成本上，一体化技术也要更经济，桨轴一体的设计就要比分别设计和装配要更有效率。

船舶机电一体化充分显示了船舶自动化设计的思维和技术发展方向，从整体方向上来说，目前的一条整船的动力总成主要包括主机、辅机和各种电气设备，目前还包括控制单元。得益于计算机技术和通信技术的变革，船舶机电一体化成为可能，计算机技术为一体化提供了控制终端，通信技术的发展则使得各种部件通过网络进行数据互通成为可能。机电一体化配合海事领域的高效率、低功耗以及环保性发展，在正确的方向下，可以将智能化的系统、机械控制、机械数据有机地结合起来，推进船舶系统的快速发展。

船舶机电一体化所涉及的动力装备众多，因此设计一套可以应用在船舶控制端的系统，对一体化整体进行状态监测、远程维修以及后台控制尤为重要。基于以上内容，结合船舶动力设备、机电设备，通过 matlab 软件进行船舶机电一体化管理系统设计。

一、机电一体化在船舶中的应用

船舶主机也就是船舶的动力装置，是为各类船舶提供动力的机械。根据燃料的不同性质、燃烧的场所、使用的工具以及不同的方式可以凤城蒸汽机、内燃机、电动机和核动力机。船舶辅机是在动力设备牵引下进行作业的各种机械设备的集合，包括船用泵体、船舶管路及附件、分油机、船舶造水装置、空气压缩机、船舶辅助锅炉、船舶制冷和空气调节、锚机、起货机、船舶舵机和各类轴系等。船舶电气装置则包括电源、配电合用电设备等，是船舶各种电气的总称。总体来说，船舶机电一体化可以用机械、硬件和软件三个大部分组成。

在船舶机械装备中，机电一体化技术体现在不同的设备上的应用，在旧式船舶当中，机械设备是单独工作的，传统的动力系统将力输出传递到轴系系统，轴系系统传递到螺旋桨从而输出动力，驾驶室控制船舶航行，在动力监控室，需要单独的轮机工作人员进行控制，不仅浪费人力，而且效率也非常低。引入机电一体化系统，可以对多种机械部件进行控制设置，主要包括燃油系统、机械控制装置、报警系统、消防系统、甲板机械、舱室机械、特种机械等。

二、机电一体化管理系统设计

船舶动力、辅机和电气设备非常复杂，因此在控制终端，用一个管理系统来进行统一的调配和监控，这样做有着重要的现实意义。PLC 控制单元可以集成到一个硬件电路中。船舶机械装备的运营状态可以通过 matlab 仿真进行设置，matlab 中的 GUI 编程技术可以对一体化机械的软件模块进行设计，管理系统的设计需要考虑的指标比较多，首先是功能的完整性，然后是机械部件的系统性，另外还有人机交互特性。界面设计主要分为 5 个大的组成方面，分别是主机控制面板、辅机控制面板、电力系统控制面板、电压时间监控模块和软件使用模块，主机、辅机和电力系统控制面板分别对船舶上和机械有关的电气设备进行启停和控制操作，主界面和 3 个分界面都有手动操作模式开关，可以断掉电力控制电源，保证手动模式的安全操作，分界面中间分别包括各种机械设备的监控曲线，可以随着船舶的各种动作来对各机械安全状态和工作状态进行监控，分控制面板均包含异常报警功能，如果发生任何过载、短路情况，异常报警响起，手动控制模式会被触发。另外，还包含整体电压监控模块，可以根据机械运转状态的区别来对电压进行设置，界面右部是主程序控制界面，包括每天的系统管理日志输出和平时的数据输出，另外包含软件的基本设置以及整体管理功能。

系统内部通过传感器、控制器和端口进行硬件传输，传输的数据在后台计算显示到管理系统的交互界面之上，管理系统的设计和应用，为船舶机电一体化操作提供了便捷，驾驶或者管理人员可以方便对机电结合和应用情况进行了解，极大地节省了人力和物力。

三、机电一体化在船舶行业的发展前景

船舶机电一体化从 20 世纪六十年代开始就已经进入了船舶建造过程之中，初级阶段的机电一体化技术主要还是基于电子技术，在小零部件中得到使用，随着计算机技术和通信技术的快速发展，未来的船舶机电一体化应用也将更加广泛。主要的发展方向将基于以下几个方面。

首先是智能化，随着计算机微处理器的提高、高性能的工作站逐渐的应用到很多行业之中，传感器系统的稳定性和集成性，也给了数据获取和数据测试更好的硬件基础，智能的船舶机电一体化产品将可以模拟人工职能，具有一定的判断能力和危险处理认知，从而代替部分人工的流水线工作，甲板机械手的一体化是未来船舶机电一体化的设计目标。

其次是系统化，开放式和模块化的组成结构让机械部件成了一个有机的系统，系统可以灵活组态，某一个机械部件可以应用在多个船舶设备之中，比如各种复杂的甲板机械，可以由一个控制件作为枢纽进行控制，再比如故障诊断系统，通信互联网可以让任何微小的故障信息第一时间达到驾驶室或者船长处。微型化和模块化也是另一个机电一体化的发展趋势，体积小，耗小，并且灵活的器件可以进行精细操作，将小的部件集合成各种微小的控制模块，例如，用接口系统来代替现在的众多接口分散，同时，利用网络进行控制。最后是绿色化，船舶是国之大器，同时也是能源消耗和产出大器，在航行的过程当中，减少燃油消耗，有效利用电能，是未来绿色船舶建设发展的大趋势，对传统的机械和作业方式进行改造，将电力驱动的控制、输出和监测系统对机械装备进行有效的结合，可以为船舶的发展建设提供崭新的变革和发展方向，在几个重要的技术端口突破之后，在船舶上应用工业机器人将成为机电一体化最终的发展目标。

船舶机电一体化是一项综合技术，和控制论、系统工程、电子信息技术、机械工程等都有着十分密切的联系，船舶工业技术伴随着机械应用水平的提高而发展，而随着智能化、网络化和自动化的进步，船舶工业也在另一个方面得到了质的提高。设计出的机电一体化管理系统，则可以有效支撑相应的技术集成，研究思路和结论为下一步机电一体化在船舶中的应用提供了相关思路。

第四节　建筑机电一体化设备安装的管理

在建筑机电一体化设备安装过程中，只有针对性的做好各个环节的控制，才能保证在安装过程中没有问题发生，才能保证安装质量符合建设的要求。本文对建筑机电一体化设备安装的管理措施进行了分析探讨。

建筑机电一体化安装的过程中，需要做好各方面的管理工作，才能够保证安装效果符合设计要求，从而能够提升用户的使用环境。

一、机电一体化设备的安装特点

安装机电一体化设备，涵盖了安装消防、排水和电气的过程，在施工过程中需要用到比较复杂的施工工艺，并花费较长的工期。具体而言，机电一体化设备的安装具备如下特点：第一，涵盖多方面领域。在安装机电一体化设备时，施工人员不但要能对各种设备工程的安装技术和基础知识有全面了解和掌握，还应该兼顾到建筑主体和每一建筑设备的关系。因此，机电一体化设备的安装过程涉及了非常广泛的范围。第二，施工过程比较复杂。在安装机电一体化设备时，需要不同专业领域和施工单位一起进行作业，这就意味着协调施工有很大的难度。除此之外，安装过程经常需要在较为复杂的施工环境中进行，必须要确保综合管线的布置质量，同时，安装施工人员应该具备过硬的专业技能。在建筑机电一体化设备的安装过程中，工程量非常大，经常会需要进行交叉施工，这就要求相关单位要进行协调作业。第三，安装过程有着较长的时间跨度。不管是开始施工阶段，还是施工结束，机电一体化设备都发挥着非常重要的作用，并且多方应该进行协调配合，有效、合理地衔接起不同单位及不同程序的工作。第四，安装过程中会涉及很多新材料、新技术以及新设备的应用。近些年来，我国的科技水平已经得到了迅猛发展，现代化设备和以往设备比较起来，已经具备更好地使用质量和更长的使用年限。尤其是当各种新材料和新技术得到合理应用之后，系统运行的自动化程度得到了显著提高，不仅明显减少了各方面的费用开支，并且极大地拓宽了建筑机电技术的发展空间。

二、建筑机电一体化设备安装的管理措施

（一）图纸设计管理

图纸设计是建筑施工前期最主要的工作，也是整个建筑施工唯一的参考和指导。建筑工程图纸设计工作主要是由建筑投标和招标两方面达成一致的产物，建筑施工者只是

在按图纸执行指令。对建筑安装工程施工管理来说，图纸设计管理主要是保证设计图纸的完整性，一方面要求设计图纸数量的完整性；另一方面要求设计图纸内容的完整性。建筑工程施工设计图纸，要充分体现施工设计图的系统性、协调性和有效性。设计图的系统性，要求图纸是系统的图纸，系统的图纸能概略表明各项工程施工的组成系统及联系关系。设计图的协调性，要求各项工程图纸之间能相互说明，互为解释。说明各种设备、设施的平面位置、说明各种设备的工作原理、说明各种原材料的特性、参数的设备材料表。各图纸的标注重复是允许的，但必须保证这些标注的协调一致，保证各图纸之间的协调一致是高层建筑工程施工设计的重要方面。高层建筑工程施工图纸的有效性，必须在设计单位的资格证书允许范围内的设计，这样才是有效合法的设计施工图纸，才可成为施工结算的有效依据。

（二）施工材料的管理

施工材料的问题对于机电安装工程来说是至关重要的一个环节，施工单位不仅要对材料进行必要的了解，对于材料和设备生产单位也要做好调查，在实行采购和使用材料设备之前，要确定其生产单位是否有生产该材料的能力和资质标准，只有这样才能确保在材料使用过程中发生因材料质量不过关而产生的纠纷以及生产单位供给能力不够等现象的发生。同时在材料和设备的运输过程中，尽量选择不复杂的运输路线，确保不会因道路问题导致工程延误。材料到达施工现场后，施工单位应组织相关技术人员对材料进行仔细的检查，保证其质量过关，并要求出示材料的相关文件和证书，如果材料出现严重的质量问题，应尽早进行退货处理。

（三）施工合同管理

施工单位在拿到相应文件后，应该结合自身的实际情况和客户需求来进行合同的内容审核，对合同内容在施工过程中可能发生的变更做出提前预测，对安装工程的实物量做到一定掌握。根据客户需求，科学合理地进行劳动分配和组织、施工工期、设备机械和施工方法的评估，并在评估过程中仔细研究和分析招标文件和合同内容，对合同内所提到的各项费用和补贴做到考虑周全。在合同签订之后，施工单位要和客户主动协商，签订安全和防火协议。

（四）质量管理

建筑机电一体化设备的安装质量与整体建筑工程的质量密切相关，不但影响着工作人员与居民的生命安全，而且还与工程的社会效益与经济效益有着极大的关系。为此，必须要重视其质量管理工作，具体可从以下几方面着手进行。首先，应当严格把控安装前的设计图纸的质量，尤其要保证设计图纸的合理性与简洁性，能够让安装人员正确了解并掌握设计图纸的意图，并能够结合具体情况来对设计图纸进行补充与完善。其次，在安装过程中，质量管理发挥着极为重要的作用。这就需要安装人员在安装过程中严格依照设计图纸来作业，并确保安装操作与相关规范要求相符。严禁在安装过程中擅自更改安装方式与安装范围。不仅如此，还需全面、系统的登记安装工程，并保证相关安装考核制度与标准质量要求是否相符，如若安装工程中出现任一工序不达标的，则严禁开展下一道工序。再者，进一步提升安装质量。由于安装质量与整体工程质量息息相关，因此必须要严格把控施工材料与设备的质量，严禁质量不过关的材料与设备投入施工当中。与此同时，还需追溯质量不过关的原材料，避免同样情况再次出现。最后，做好安装调试工作。在安装后期，必须严格依照标准要求来调试设备与系统，切不可精简调试步骤或是进行跳跃式调试。此外，还需仔细做好调试记录，以确保调试工作的真实、全面与准确。如果出现不达标的设备，务必要进行更换。

三、技术要点分析

（一）母线的安装

技术人员在安装母线的过程中，要尽量避免母线受潮，应安装在室内通风干燥处，其他设备和母线进行连接时，避免有额外压力进入，并且应保证每个部件的连接处做好密封。

（二）机电设备安装的技术要点

一般在进行机电设备安装时的主要流程是：对设备进行放线定位；进行首次设备测试；机电设备定位；精度调整；完成安装。在机电设备安装伊始，应对机电设备进行严密的检查，确保其质量和安全性，同时要结合施工实际对机电设备的型号和数目进行核对确保工程顺利完成。

（三）弱电系统的安装

弱电系统安装的特点是安装所用工期相对较短，安装设备昂贵，等等，主要包括的项目有：监控闭路电视；防火系统；报警系统；内部人员通话系统；停车场管理系统等。弱电系统安装过程中，除了线路管槽需要与建筑工程同时进行，其余的末端设施和中央管理设备都可以在工程结束后再进行。在预留线路管槽和空洞的时候应提前做好准备，确保一次成型。根据材料和电缆之间的距离采用不同的施工方法。在完成敷设后，要对线缆进行相关标准的测试。

总的来说，建筑企业想要得以生存，其自身的竞争力是非常至关重要的因素，而且还要对机电设备安装管理相关工作负责，以此来保障安装管理工作品质，提升整个建筑项目工程的品质水平，如此一来，建筑企业才可以得到更好的发展，才可以在这样的市场竞争里有一席之地。

第五节 机电一体化专业的核心技能分析

在我国对"机电一体化"的定义为：它属于一种新型的复合技术，是将信息化的技术、微型电子元件技术、计算机的相关技术和机械本体自身的技术充分结合以后所形成的产物，在"机电一体化"中最重要的内容就是其核心技术，其核心技术主要是传感技术、信息处理技术、智能化与机械的自身本体的技术。主要论述了机电一体化的内容、机电一体化的核心的技能和机电一体化的发展前景展望，希望对同行们带来一定的借鉴和帮助并促进我国机电一体化的发展。

随着我国科学技术的不断进步与创新，这就大大促进了计算机的相关技术、信息化技术与机械本身的技术等多个学科的相互交叉和渗透，最终产生了机电一体化。机电一体化技术的发展又极大地促进了机械工业的发展进程，使国家工业的生产由开始早期的机械电气时代转入机电一体化的新时代。采用机电一体化技术，可以极大地提高机械行业的经济发展，因为这种技术的使用不光可以使企业的生产力得到充分的释放，同时也可以提高所制作产品的性能与质量，使产品变得更加标准化，能合理利用既有资源，降低企业能耗。最终降低产品的生产成本，使企业在激烈的市场竞争中处于优势地位。目前，机电一体化已经变成了国家工业发展的必由之路。

一、机电一体化的内容

（1）狭义的机电一体化的定义主要是在电子化设计与机械装置结合一起的一体化，这种一体化主要指的是机械方面。随着科技的不断发展，信息技术、微电子技术和传感技术等也被融入机械控制当中。此时机电一体化就有了新的内涵定义，那就是新的机电一体化是指在信息处理功能、机械自身的功能和控制功能之上引入电子信息技术，将机械与电子化设计组合一起所组成的系统的总称。

（2）所谓的机电一体化技术并不是一定单一的技术名字，而是对一类相关技术的总称。从系统工程理论的层面上来看，将微型电子元件技术、机械本身的技术与信息化的技术等技术综合应用，使整个系统实现有机的结合，并在系统中相关程序的组织下使系统达到最优化的一种新型的技术。

（3）机电一体化是由多个电子组成要素所构成的一个统一结合体。

二、电一体化的核心技能组成

（一）机械的本体技术

机械的本体技术是机电一体化技术的基础，怎么样才能匹配机电一体化进程是机械的本体技术的重点。因此机械的本体技术应该去着重考虑提高工作的精确度、减轻机械的自身重量和不断改进自身的工作性能等几个方面。目的是为了使其企业的工作效率提升和降低企业能耗。为了使机械系统实现正常的工作运行，机电一体化必须具备达到足够要求的精度。同时由于目前企业的产品大多都是钢材料制作而成的，可以通过选用轻质高强的新型材料或者直接改变产品的结构等方法来降低产品的重量。当产品的重量减小以后，采用可能实现系统运行的轻型化，最终实现提高企业工作效率和降低企业能耗的目标。

（二）信息处理技术

随着科学技术的不断发展，信息处理技术与微电子学领域也得到了相应地技术创新和进步，这对机电一体化进程的发展提供了巨大的动力。信息处理技术的内容主要为信息的收集存放、信息的交换和信息的计算等，通过目前在全国普及的电脑，使之与计算机紧密结合在一起。为了能够更好更快的发展机电一体化，我们必须将信息处理设备运行的可靠度提高，来提高信息处理设备计算运行的速度，同时还要提高在信息处理过程中的抵抗其他外物干扰的能力。

（三）自动控制技术

自动控制技术指的是在不经人员进行亲手操作的情况下，机械装置可以按照控制理论的知识自行进行工作，以完成人们预先确定的任务。其主要的内容包括系统的初步设计、设计以后的系统仿真情况、在现场的不断调试与完善等。在当今的企业中，自动控制系统已经作为了机电一体化当中的重要一分子而存在。

（四）接口技术

为了能方便快捷的与计算机进行沟通，必须让数据传递的接口实现统一标准化。采用了统一规格的接口，不光有利于简化其设计内容，同时可以方便接口的更换和维修，防止出现因不同公司不同接口导致不能有效的和计算机交流的问题的发生。

（五）传感技术与检测技术

在机电一体化中，传感技术的重点就是传感器的问题，而传感器出现的问题主要是如何提高其精准度、可靠度和灵敏性，毕竟其可靠度的提高可以直接影响传感器的抵抗干扰的能力，使之可以承受住各种严酷的环境考验。目前机电一体化技术在传感器的选择上，选用了光纤电缆传感器来防止电干扰。而对于外部信息的传感器，现在的作用任务时发展非直接接触型的检测技术。而检测技术主要指与传感器的信号的检测有关的相应技术。所以说，在未来传感技术与检测技术将会成为必然。

（六）系统技术

系统技术指的从系统工程理论的层面上来看，将微电子技术、机械技术与信息技术等技术进行综合的应用，并将总体分成许多相互之间有联系的功能单元，最终由经过小功能单元的工作来完成整个系统的顺利运行。

（七）驱动技术

作为提供驱动力的电机，目前已经被广泛应用到企业里的大型机械当中。但是电机依然存在不能快速的响应和效率低下的缺点。所以要求技术人员要积极发展电机技术，不断研究新型驱动设备。

（八）软件技术

计算机的软件和硬件必须做到在机电一体化的进程中实现协调发展，在发展硬件的同时必须同步更新软件。但是由于科技水平的提高，软件更新的速度太快，造成软件研发的成本大大加高。因此为了降低软件的研发投入，必须加快软件的标准化进程。

三、机电一体化技术的主要应用领域

（一）工业机器人

机器人作为一种新型的高科技产品，它最早来源于小说家在小说中的描述，可以无条件服从命令去处理人们所不能解决的问题。经过科学技术进步并利用几十年时间对其的不断改进，现在人们创造的机器人已经可以很轻松帮助人们处理在焊接、水下作业、空中作业和娱乐等方面的问题。可以说，机器人经过多年发展已经变成了人类的不可或缺的朋友。

（二）计算机集成制造系统 (CIMS)

要实现计算机集成制造系统的应用，不能仅仅只去简单组合一下目前已经有的各个分散的系统，还要使全局的动态要达到最优化。计算机集成制造系统不光打破了目前企业内部各个部门之间的界限和限制，同时还可以利用制造来达到物流的控制。这样就使得企业完成了经营决策与生产经营之间的有机统一。在当今社会，提高自己的集成度已经变成了企业为优化自身的生产要素之间的调配的一种主要的办法。

（三）当今社会的温室设施。

当今社会中的温室设施可以实现农作物高产和优质，也比较密集的使用了机电一体化技术。温室设施的内容主要包括：整个温室的框架结构、框架结构上的覆盖的各种材料、通风的系统、防虫系统、灌溉施肥的系统计算机的控制系统、二氧化碳施肥的系统、遮阳/保温的系统、加热系统以及一些在生产中必须具备的生产工具等。通过以上多种设施与计算机的系统相结合，为农作物的生长发育创造了一个好的环境条件，为提高作物的品质和产量提供了可靠的保障。

（四）数控机床

数控机床的全名叫作数字控制机床，最早兴起于20世纪70年代，经过这么多年的进步与创新，在数控机床的功能结构与操作上都有了大大的改善，被广泛应用到机械行业中。数控机床的组成成分主要是电子控制单元、执行器、传感器和动力装置等，因此具有以下特点。

（1）实现了对机床的多通道和多过程的控制。

（2）采用了存储器的容量较大的软件的模块化设计。

（3）其结构具有模块化和紧凑化与总线化，表现为采用多个CPU处理器、多个主总线的组成的体系结构。

（4）具有开放性的设计特点，表现为其在整个体系的功能结构上具有兼容性和层次性的特点。比如采用统一标准的接口可以使企业或者个人的使用效益增大。

（五）对于机电一体化专业的相关人员的培养计划

对于机电一体化专业的相关人员的培养计划主要是培养那些具有优秀的专业知识与动手操作的高素质人才。

四、机电一体化专业的就业前景

第一，在关于模具CAD/CAM方向的发展。对于那些可以利用数控的加工技术与相关计算机的技术对模具进行创业设计和制作的高级人才，不仅可以在塑料、模具、家电、机械等生产公司做关于模具计算机的辅助设计和制作等方面工作，也可以从事与机电一体化相关的经营与管理工作。第二，对于那些从事商品包装的自动化的机械运行与管理等工作的机电一体化高级人才，不仅可以在一些大型饮料、食品与商品的包装生产的公司从事机电一体化的管理工作，也可在相关生产公司或者营销单位从事一些与机电一体化相关的技术工作。

通过前文对机电一体化的介绍和分析可以看出，机电一体化现在已经渗透了社会的各个领域，尤其是对机械行业的发展发挥了巨大的作用。因此，我国科学家应该继续对机电一体化进行研究和创新，使我国成为创新型的国家。

第六节　机电一体化专业实训室建设

随着素质教育的逐步深化，高校的教学从注重规模逐渐过渡到重视内涵的建设上来。各大高校都将提升教学质量作为发展的主要目标与动力，建设实训室是将对提升机电一体化专业的教学质量起到非常大的促进作用。本文将从实训室建设的意义，建设的具体过程等方面来进行论述。

机电一体化是一个较为复杂的专业，在整个工科专业系统中被公认为最难学的专业之一，由于其涉及了多个不同专业的知识，所以对于专业的度要求很高，知识也极为复杂。在传统的教学模式下，机电一体化专业没有得到一个理想的教学效果，因此转变教学模式成了当前机电一体化专业发展的首要任务。

一、建设机电一体化专业实训室的意义

实训室建设将实训作为建设的中心内容，通过任务驱动帮助学生提升自身的专业能力。建设实训室是机电一体化专业转变教学模式的重要一步，实训室的建设能够帮助机电一体化专业大幅度提升教学质量，达到良好的教学效果，是优秀的机电一体化人才培养的必要因素。在实训室中，学生可以充分地将理论知识应用于实际，既有利于培养学生的动手实践能力，也有利于巩固学生的专业理论知识，帮助学生培养扎实的基础技能，提升学生的综合素质水平。

二、机电一体化专业实训室的建设

实训室的建立主要目的是为了培养学生的动手实践能力，帮助学生将日常所学的理论知识与日后的工作实际相结合，以提高学生的综合素质。机电一体化专业实训室的建设是一个较为漫长的过程，期间需要来自社会、学校、教师等多方面的共同努力，在这些因素的共同作用下才能建设出真正值得利用的实训室。

（一）主要建设思路

机电一体化专业实训室的建设需要大量的资金投入，各高校可以以校企合作作为建设的主要指导思想来进行建设，结合企业对于人才的需求，将实训室的流程布局与企业的运营模式进行对应，改变传统的以教师为核心、以教材为依据的教学模式，将理论与实践进

行融合，培养学生的动手操作能力，培养高素质的综合型人才。

（二）实训室实训环境的建设

各高校可以到成功建设机电一体化实训室的院校和相关合作企业进行调研和考察，不难发现，成功建设的院校大多会在机电一体化实训室的建设过程用应用企业的管理模式，将实训室的布局向企业靠拢，严格按照实际生产的标准对实训室进行建设，充分模拟企业的生产车间，让学生真正身临其境的感受在企业内部工作的情况。

通过这种校企合作的模式，建设具有高仿真性的机电一体化专业实训室，可以帮助学生在毕业后尽快走入工作岗位，缩短学生的适应期与磨合期，让学生在校期间就能充分的掌握职业的专业技能，达到提升学生综合素质，培养综合型人才的目的。除此之外，高校还可以通过建立一些奖励机制来对学生进行激励，提高学生参加实训的积极性。在实训期间，学生安全意识的培养也是老师和学校需要关注的一个重点，在实训室内一定要制定严格的操作规程，张贴安全提示标语，并且教师要在学生实训期间反复强调安全操作的重要性，以确保学生的安全。

（三）机电一体化专业学生实训内容的制定

当前社会对于人才的需求不仅仅局限于专业素质过硬的技术型人才，而是更偏爱于综合素质较高的综合型人才。因此学生在实训室进行实训时，除了要注重培养其必备的专业技能外，还需要帮助学生培养其沟通能力、合作能力、奉献精神等多方面的综合能力。

因此，机电一体化专业学生实训内容的制定，就要根据学生的需求分成三个层次。首先，是传统的教师授课模式，在这一层次中，主要以教师讲授理论知识为主，对学生进行实训前的指导与提示，实训室的老师要根据学生将要进行的具体实训内容来向学生讲授一些相关的专业知识，言简意赅的让学生把握知识的重点和操作中的注意事项；其次，是让学生动手操作，教师在一旁作为指导，对学生的操作做出建议和评价，并及时纠正学生在操作过程中出现的问题；最后，是让学生进行完全独立的操作，在接受了教师的指导和纠正，确保操作无误已熟练地掌握了技能后，学生就可以独立进行实训操作了。在经历了这个过程后，学生的理论基础和动手能力都会得到很大的提升，而且这个过程突出了学生的主体地位，能够在学生进行学习和操作的过程中充分的发挥学生的主观能动性。

（四）机电一体化专业实训室的师资力量

除了需要为机电一体化专业实训室配备完善的硬件设施外，强大的师资队伍也是优秀实训室建设的必备条件。高校可以坚持校企合作的思想，通过引进和培养两种模式相结合的方式，来建设强大的师资队伍。一方面，从企业引进大量具有强大技术基础、经验丰富的一线技术人员来为学生进行技术指导，规范学生的操作；另一方面，可以外派校内教师到企业或其他院校进行进修、锻炼，提高本校教师的内务能力，培养出一批具有较强能力的优秀教师。通过这两方面的努力，来为机电一体化专业实训室培养一支强大的师资队伍，也能为学校的科研团队注入新鲜的血液。

综上所述，建设机电一体化专业实训室，旨在转变当前刻板的传统教学模式，强化各高校机电一体化专业的教学效果，帮助学生将理论与实践进行结合，帮助学生培养专业技能，为日后走上工作岗位打下坚实的基础，让学生在实践中提升自身的综合素质，不断适应社会及企业对于人才的需求，以期学生日后可以尽快适应工作岗位。

第七节　机电一体化系统的设计

随着科学技术的发展，机电一体化系统逐渐得到了改良和优化，这使机电一体化系统设计迎来了新的发展机遇，也面临着更加严峻的考验。机电一体化系统设计不可能一蹴而就，它需要经历一段时间的研究和实验。文章就对机电一体化系统设计进行了深入的剖析，旨在为相关从业人员提供参考与帮助。

机电一体化系统主要是在机械原有功能的基础上，将微电子技术应用在其中，从而使机械与电子得到有机结合，使机械具备更强大的功能。机电一体化系统的应用使得机械的控制功能越来越复杂，使得机械的控制难度得到加大，对机械控制系统的要求也日益提高。将计算机技术应用在机电一体化系统中，可提高机械的控制力度，从而促进机械性能的提升，让机械的操作更便捷和灵活，提高机械操作的效率和质量。

一、机电一体化系统的设计策略

（一）纵向分层设计法

纵向分析设计法主要从机电一体化系统的整体来考虑，对机电一体化系统的纵向结构和功能进行系统化设计，从而使机电一体化系统的结构层次更加分明，并且提高结构层次与组织架构的对应性。当面对不同的操作任务时，可以实现不同任务由不同结构层次负责，使机电一体化系统的结构层次得到充分的利用，体现了机电一体化系统纵向设计的精细化和科学化，实现了机电一体化系统宏观设计和微观设计的有机结合。当然，宏观设计和微观设计隶属不同的机构层次。宏观设计具有一定的战略性，主要为了实现机电一体化系统的经济目标和技术目标，主要在结合企业的管理层意见的基础上，再考虑企业高级技术进行完成；微观设计也属于战略性设计，但是其战略性主要体现在具体的设计技术和方案等方面，因此微观设计一般由技术部门独立完成。

（二）横向分块设计法

在应用机电一体化系统横向分块设计法时，主要包括以下方式：①替代法。替代法主要是将机械中的复杂部件进行替换，将电子元件取代原有机械部件的位置，从而完善机械的功能，使机电一体化系统更加的优化。例如，在对齿轮调速系统进行调整时，可利用伺服机电来弥补齿轮调速系统的不足，扩大调速范围和调速精度，从而使扭矩发生转变，让机电一体化系统的机构更加简洁，使机电一体化系统制造的周期得到缩减。值得注意的是，在进行电子元件的替换时，必须严格遵守摩尔定律，从而在确保机电一体化系统性能的基础上，减低生产的投入。而且随着科学技术水平的提高，电子元件替代法也将成为机电一体化系统设计的趋势之一；②融合法。顾名思义，融合法主要是将各种元素进行统一和融合，从而形成独特的功能部件，确保要素之间的机电参数相互匹配；③组合法。组合法主要是在融合法的基础上，将融合法制造而成的部件、模块等进行相互组合，从而形成各种机电一体化系统。这点在我们的日常生活中也较为常见，例如，将收音机与录音机进行组合，就形成了收录机，将手机与摄像机进行组合，就形成了可以进行摄像的手机。但是，组合法的应用并不是简单的叠加，而是要充分考虑机电一体化系统的整体性，从而实现机电一体化系统设计的科学性和合理性。

二、影响机电一体化系统运行的因素

作为机电一体化系统中的重要组成部分，机器人可以代替人类完成一些工作，从而解放劳动力。但是，在应用机器人时往往缺少对机器人的重视程度，使得人机配合出现了偏差，具体主要体现在以下几点：①对机器人的安全性存在认识上的误差，缺少对机器人可靠性的正确认识；②忽视了机器人与人类的关系。虽然机器人属于机械的一种，但是却和人类有着直接的关联，可是很多人忽视了这一点，为机器人的安全使用埋下了隐患，而且在机电一体化系统设计中也忽视了这一点；③机器人手臂的运动受限，通常在三维空间活动，使得在机器人安全保护方面的工作有所欠缺。

在进行机电一体化系统的检修时，也许会发生机械自行运转的情况，或是机器人在较为危险的区域工作，使得人类不得不进到危险区域对机器人进行控制。例如，在进行机电一体化系统操作和检修时，检修人员需要对机械或是机器人的位置进行精准的判断，但是为了以防万一，还是需要在检修之前将电源切断，避免对机器人手臂造成伤害。

三、保障机电一体化系统有效性的方式分析

保障机电一体化系统有效性的方式主要包括以下几点：①安全栅。在安装安全栅后，可借助安全栅的互锁功能，使安全锁与机器人运转同步，将安全锁关闭时，机器人也停止

工作；②警示灯。安装警示灯可在机器人运转时进行提示，从而降低操作人员误入工作区的概率；③监视器。安装监视器可实现对机电一体化系统的全面监管，从而对监视人的操作进行控制，提高机电一体化系统的安全性；④防越程装置。安装防越程装置可使机器人的回转保持恒定，从而对机器人的使用范围进行控制，可采取安装限位开关和机械式制动器的方式来实现。

机电一体化系统设计可以提高机电一体化系统的工作效率和质量，从而使机电一体化系统的操作更加便捷，实现机电一体化系统的改良与优化。但还要对机电一体化系统的影响因素进行分析，从而采取相应的应当策略，确保机电一体化系统的安全性和稳定性，实现机电一体化系统的全面发展。

第八节　机电一体化虚拟仿真实验

机电一体化产品机械结构复杂，电气控制方式多变，导致目前所用实验设备种类难以涵盖整机电课程知识点，无法满足培养学生动手能力的训练与创新能力的培养，针对这种现象，淄博职业学院开发了基于 UG 与 Matlab/Simulink 软件的机电一体化虚拟仿真实验，经过两学年的测试与改进，效果良好。

机电一体化是以机械学、电子学和信息科学为主的多门技术学科在机电产品发展过程中相互交叉、相互渗透而形成的一门新兴边缘性技术学科，现代科学技术的不断发展，极大地推动了不同学科的交叉与渗透。以机械技术、微电子技术的有机结合为主体的机电一体化技术是机械工业发展的必然趋势。机电一体化体现了现代科学的学科交叉性和融合性的鲜明特点。机电一体化系统包括执行机构、控制器、检测装置、动力装置和传动装置等。目前淄博职业学院机电一体化实验实训虽有相关的硬件设备，但种类比较少，设备台套数少，损坏严重，从实验内容来说不具备扩展性，很难满足培养学生动手能力的需求，无法适应创新能力培养的时代需求。针对这种现象，该院基于 UG 与 Matlab/Simulink 实现了机电一体化虚拟仿真实验。

一、电机电器仿真模型

Matlab/Simulink 软件是一款集科学计算、模块化建模和可视化仿真于一体的多功能建模仿真软件，具有操作简单、功能完备、兼容性强等特点。该软件集成了多种专业建模工具箱，可实现对单一领域系统的建模仿真，也可以实现多领域耦合系统的联合仿真。软件中提供了许多模块，提供了电力系统模块库，可方便进行 RLC 电路、电力电子电路、电机控制系统和电力系统的仿真。其中三相异步交流电机控制比较简单，直接利用 Simulink 中提供的电机本体。在伺服系统中，应用较多的电机主要是无刷直流电机、感应电动机和三相永磁同步电动机。无刷直流电机控制电路简单、易实现，但电刷存在易磨损、易打火等问题。感应电动机结构复杂，矢量控制算法繁杂，不利于高精度控制场合。永磁同步电机 PMSM，具有结构简单、体积小、转矩电流比高、效率高、功率因数高、转动惯量低、易于散热及维护保养等优点。

二、机械结构运动仿真

在 UG 软件中，绘制好零件的三维模型，根据实际情况装配好产品后，进入运动仿真模块，选择动力学分析环境，高级结算方案选择协同仿真。对组成产品的每一个构件定义连杆属性，系统会自动计算质心惯性矩等。对构件与构件连接处的运动副定义运动副属性，并创建标记点、传感器等相关选项。可定义多种驱动方式（力、扭矩、速度、加速度、铰链驱动、函数驱动等），设置好仿真时间和运动步数后，求解，最终实现机构的运动。但这种驱动的输入没有通过电机控制，所以无法真正的模拟机电一体化系统的运动特性，需要进行机电一体仿真。

三、机电一体化仿真

在 UG 协同仿真环境中，创建工厂输入、工厂输出。工厂输入是把 Matlab/Simulink 中的动力输出等控制信息（力、扭矩）传输到 UG 软件中机械结构的动力输入端，从而实现电气系统驱动机械结构。工厂输出是把 UG 中机械结构的运动信息（位移、速度、加速度）、传感器信息、表达式信息等输出到 Simulink 中，从而实现机械结构的传感器信息传递给电气控制系统。通过工厂输入、工厂输出，实现了 Simulink 中的电气控制系统与 UG 中的机械结构之间的信息交互。需要注意的是：Simlink 中控制系统的仿真采样频率需要与 UG 中的机构运动仿真模型采样频率相同。

经过机电一体化虚拟仿真平台，Matlab/Simulink 中控制系统可以控制 UG 中的机械结构，机械结构运动是三维模型，非常直观，方便多角度观察。还可把各种数据信息输出到 Excel 表格中，绘制各种图标，研究机电一体化系统运行特性。同学们只要掌握了这种实验方式，可非常容易的扩展电气控制系统或者机械结构，极大促进了学生创新意识，提高了同学们学习软件工具及相关理论知识的积极性。

第九节 基于人才培养的机电一体化教学

机电行业作为近年来的新兴产业，有着很大并且稳定的市场需求。然而，现实中企业反映人才难求，学生反映工作难找。这种现象已经成了一种严重并普遍的社会问题。国内急需发展机电行业，培养机电人才，因此，有必要对职业教育中的机电一体化技术专业人才培养模式进行探讨。

随着产业结构的布局调整，电子信息产品制造业、机床电器制造业等重点发展行业的工业总产值逐年增长。机电产业的发展必然带来人才需求的增长，技术的进步必然要求从业人员素质的提高。具体分析如下：

一、人才培养目标

本专业的目标除了本专业的机电一体化的相关专业知识与职业素养以外，为了充分帮助其更好踏入社会岗位，还会在教学中融入一定的我国社会经济市场的相关概念。同时，机电一体化教育也充分符合我国素质教育的推行，在德、智、体、美多方面都加以了相应的教育工作，其目的是为了向社会供应专项的综合应用型人才。目前，我国该专业的主要学习内容分为两类，即数控加工工艺设计与管理和机电设备管理。

二、人才培养途径

目前我国的机电一体化教育，其改革的重点是强调实践工作，充分根据目前我国的职业需求和职业规划，并参照职业中的行业规律，做好课程内容以及教学进度的改革。总结来说，目前机电一体化改革的方向为实践性、开放性以及职业性作为最主要的重点，将理论知识化为实践操作，是当前机电一体化教学工作的重中之重。因此，目前机电一体化的教学工作应当摒弃过往一味进行理论知识的教育模式，将实践操作充分融入日常的教学工作之中，为学生未来踏入就业岗位夯实基础。并在考核手段上，逐步增加对实践活动的考核比例，力求更好检验学生的实践能力，为社会供应应用性更强的人才。

三、人才培养模式实施

（一）教学要实施改革

随着我国经济实力的不断发展，社会对人才的需求量更大，尤其是对综合型人才、应用型人才，在机电一体化的岗位上需求量更大，故而如果各个学校仍然使用过往的传统方法开展教育工作，往往难以收获更好的教学效果，其培育的人才也不符合目前的社会形势，不论是课程进度的安排，教学内容的规划，还是在考核的措施之上，仍然呈现出较为落后的形式。尤其是学生仅了解书本上有限的理论知识，同时学生为了完成考试要求，通常仅使用死记硬背的方式开展学习，对学习的内容没有加以深刻的思考分析，导致其学习效果的不断下降。此外，由于学生仅注重理论知识的学习，故而导致学生的实践能力不可避免地呈现衰弱现象，学生对知识的运用过于死板。因此，为了更好解决这一问题，各院校都必须就该问题开展一定的教学改革工作。

（二）实训基地建设

为了更好深化机电一体化教学工作，院校应当积极推行实训基地的建设工作。而在实训基地的建设中，应当保有"高度模拟化的环境、学生趋向职业化"的思想。因此，在具体实训的过程中，要完全符合社会岗位的相关需求，将企业文化与教育文化更好地结合，并在一定程度上引入相应的企业规章制度，更好做好实训环境的模拟化。只有切实落实好上述的建设思路，才能更好建设处能够还原真实环境的实训基地，培养学生的实践能力。院校也可以一定程度上做好与社会单位的联动工作，使其帮助院校更好模拟环境。让社会单位更好输出技术要求以及丰富的实践经验，而经过培训的学生也能直接进入企业进行工作，达到院校、社会企业以及学生的三方互惠共利的局面。此外，院校还应当积极鼓励学生参加全国性、地方性的技能比赛，以此更好提升自身的水平以及能力。

除了院校内部的实训基地建设以外，为进一步提升学生的能力，可一定程度上建设校外实训基地，而在实训基地的选择上，应当尽量靠近地方性强力企业，让学生高度模拟化职场环境。通过与大型企业的联动实训任务开展，除了原有的实践基地以外，还能建设社会服务基地、顶岗实习基地。让学生更好进行实习的同时，社会企业也能定向培训企业所需要的专业人才，达到良性循环的目的。

（三）教学团队建设

区域范围内的各个院校应当加强互动交流工作，驱使单位内的高级教师进行联动，力求组织培养一支专业素养高、教学能力强的专业教学团队，更好地服务广大学生，力求向社会输出更多的专业人才。而该团队的教师应当同时具备讲解教学以及实践活动的培训双重任务，因此在人员的选择上，除了骨干教师以外，还应当从社会单位中选取经验丰富、教育观念强的工作人员。可利用暑假、寒假等长周期的时间，让学生跟随工作人员以"师徒"的模式更好开展实践学习，为未来踏入社会岗位而夯实基础。同时，应当积极鼓励各个院校的教师，利用自身的课余时间深入社会岗位，做好学习交流的工作，以此更好将理论知识与实践所融合，深化教育效果。

职业教育是以培养高素质"技能型"人才为目标，应顺应时代发展的需求，更新教育思想观念。构建机电一体化技术专业创新人才培养模式，教师应该进行详细的理论研究与实践，并贯彻到机电一体化技术专业的实际教学中去。

第十节　机电一体化接口技术

随着机电一体化技术的迅速开展，并很好地为人类效劳，可是在机电一体化技术的迅速开展中，机电接口问题也表现突出，本文将加深对机电一体化接口技术讨论，使其机电一体化技术中信息和能量的传递和改换更加顺利。

一、机电一体化接口技术介绍

机电一体化技术不是机械技术、微电子技术以及其他新技术的简单组合、凑集。而是基于运用机械技术、微电子技术、信息技术、自动操控技术、计算机技术、电力电子技术、接口技术、传感测控技术、信息改换技术以及软件编程技术等集体技术归纳组合。所以说机电一体化界说是指在机构的主功用、动力功用、信息处理功用和操控功用方面引进电子技术，而且将机械设备与电子化规划及软件结合起来所构成的体系的总称。关于机电一体化产品的功用的好坏，在很大程度上往往取决于接口的功用，也就是咱们一般所说的：各要素和各子体系之间的接口功用是决议归纳体系功用好坏的关键性要素。其终究是完成把机电及相关范畴技术有机地融为一体。而机电接口技术是当今市场上的一种新式的技术，人们关于这方面研究比较少，所以也表现出一些问题，如机电一体化体系中各组成部分（子体系）和各组成技术之间存在的接口问题现象，这些都需要人不断去加强机电一体化技术研究处理。

二、机电一体化接口技术研究

机电接口技术是在机电一体化技术的基础上开展起来的，并与机电融为一体，起着信息的传递和改换的效果。那么人们就需要对其机电一体化接口技术进行深化指导，达到让人更好地运用的意图。机电接口就可以分软件接口和硬件接口，软件接口的效果是起着对体系信息的改换、交互、调整的进程和办法，而且还起着协谐和归纳机电一体化的组成技术，终究完成使各子体系集成并融合为一个全体的进程。硬件接口的效果是对子体系之间或人与机电一体化体系之间树立起着衔接，到达对信息和能量的输入／输出、传递和改换并供给物理通道的硬件接口。

（1）机一电接口。机一电接口就是咱们一般看见的执行机构与驱动体系和传感器之间的接口，其原因是因为机械体系与电子计算机体系在性质上有很大差异，就需求机一电接口来进行匹配、调整、缓冲。使其将驱动信号改换成执行机构机械所需的信号，或者是把执行机构的机械信号，经过接口改换成传感器所需的信号。其详细的效果表现为：一是抗搅扰阻隔效果。因为不同设备外表，常会带有不同共模的信号输入到 DCS、PLC 等操控体系中去。关于这种不同信号不加以处理，直接接入操控体系中，就会呈现共模不同的搅扰。共模不同是信号间的参考点电位差。那么只要在每路外部信号和操控体系的收集板之间刺进阻隔端子，因为阻隔端子的输入或者是输出电气阻隔特性使它按捺共模信号的才干变得很强，以至于将带有共模的信号经过阻隔输出变成为不含共模的信号，这样的搅扰问题就得以处理。还有种办法是一个信号可以向显现外表运送信号，一起又能给变频器之类的仪器运送信号，这时就起到了消除设备互扰的阻隔。阻隔器一般运用的是脉冲变压器或光电耦合器、继电器等来抗搅扰阻隔。二是电平改换和功率放大的效果。在主板的实践作业中，I/O 芯片有时对某个设备仅仅供给最基本的操控信号，然后再用这些信号去操控相应的外设芯片。可是微机的 I/O 芯片都是 TTL 电平信号，即一般该数据是表示采用二进制规定，+5V 等价于逻辑 "1"，0V 等价于逻辑 "0" 这样的方式，咱们一般也称作为 TTL(晶体管 - 晶体管逻辑电平) 信号体系。其 TTL 电平信号关于计算机处理器操控的设备内部的数据传输是非常抱负的。可是这样的电平与操控设备则不必定匹配。那么就需要进行对电平改换，一起还要在大负载时把功率放大，才能确保数据不丢失。三是采纳 A/D，D/A 改换。当被控目标的检测和操控信号为模拟量时，必须在计算机体系和被控目标之间进行设置 A/D 和 D/A 改换电路进程。A/D 改换又称为模数改换器是将模拟信号改换成数字信号的电路。D/A 改换又称为数模改换器是将数字信号改换为模拟信号的电路称为数模改换器。只要经过这样的改换才能使使功用得以完成。并成为信息体系中不行短少的接口电路。

（2）人—机接口。人与机电一体化体系之间的接口是指人与计算机之间树立的联络和交流信息的输入 / 输出设备的接口，其设备包含：显现器、键盘、打印机、鼠标器等等设备。一方面操作者经过输入接口向机电体系输入各种操控命令，使其按照人的毅力进行作业。如操控体系的运转状况并完成功用的意图。另一方面其接口又向人显现体系的运转状况，运转参数及成果等信息的效果。

（3）机电智能化接口。因为现代通信技术、计算机网络技术、职业技术、智能操控技术聚集而成的智能化接口越来越融入人们日常生活和工作中。并在操控体系到驱动体系、驱动体系到传感器、传感器到操控体系中完美使用，其智能接口表现是：关于不同技术智能接口传递和改换各种信息时，可以依据要求自动的改动信息方式，到达让各种的子体系以及各种的技术方式可以经过智能接口集成一个完整的体系接口衔接。

当现代科学技术的快速开展，尤其是计算机技术、操控技术、通信技术的开展，导致了工程范畴发生了技术性革命，即工业出产由 "机械电气化" 转变为 "机电一体化" 的技术性革命，从此使工程机械进入了全新的一个开展阶段，而在产品功用方面也得到了极大的进步。机电一体化是一个体系化工程技术，是集聚机械技术、自动操控技术、计算机技术、微电子技术、电力电子技术、信息技术、传感测验技术、接口技术及软件编程技术等等集体技术。使其功用特色朝智能化，绿色化，网络化，微型化方面开展。

总而言之，机电一体化中关于接口技术还存在某些技术性问题，可是跟着科技的开展，这些问题也会得到处理，并开展得更好，将更好地为人类效劳。

第六章　机电一体化创新研究

第一节　建筑机电一体化设备安装的管理

在建筑机电一体化设备安装过程中，只有针对性的做好各个环节的控制，才能保证在安装过程中没有问题发生，才能保证安装质量符合建设的要求。本文对建筑机电一体化设备安装的管理措施进行了分析探讨。

建筑机电一体化安装的过程中，需要做好各方面的管理工作，才能够保证安装效果符合设计要求，从而能够提升用户的使用环境。

一、机电一体化设备的安装特点

安装机电一体化设备，涵盖了安装消防、排水和电气的过程，在施工过程中需要用到比较复杂的施工工艺，并花费较长的工期。具体而言，机电一体化设备的安装具备如下特点：第一，涵盖多方面领域。在安装机电一体化设备时，施工人员不但要能对各种设备工程的安装技术和基础知识有全面了解和掌握，还应该兼顾到建筑主体和每一建筑设备的关系。因此，机电一体化设备的安装过程涉及了非常广泛的范围；第二，施工过程比较复杂。在安装机电一体化设备时，需要不同专业领域和施工单位一起进行作业，这就意味着协调施工有很大的难度。除此之外，安装过程经常需要在较为复杂的施工环境中进行，必须要确保综合管线的布置质量，同时，安装施工人员应该具备过硬的专业技能。在建筑机电一体化设备的安装过程中，工程量非常大，经常需要进行交叉施工，这就要求相关单位要进行协调作业；第三，安装过程有着较长的时间跨度。不管是开始施工阶段，还是施工结束，机电一体化设备都发挥着非常重要的作用，并且多方应该进行协调配合，有效、合理地衔接起不同单位及不同程序的工作；第四，安装过程中会涉及很多新材料、新技术以及新设备的应用。近些年来，我国的科技水平已经得到了迅猛发展，现代化设备和以往设备比较起来，已经具备更好地使用质量和更长的使用年限。尤其是当各种新材料和新技术得到合理应用之后，系统运行的自动化程度得到了显著提高，不仅明显减少了各方面的费用开支，并且极大地拓宽了建筑机电技术的发展空间。

二、建筑机电一体化设备安装的管理措施

（一）图纸设计管理

图纸设计是建筑施工前期最主要的工作，也是整个建筑施工唯一的参考和指导。建筑工程图纸设计工作主要是由建筑投标和招标两方面达成一致的产物，建筑施工者只是在按图纸执行指令。对建筑安装工程施工管理来说，图纸设计管理主要是保证设计图纸的完整性，一方面要求设计图纸数量的完整性；另一方面要求设计图纸内容的完整性。建筑工程施工设计图纸，要充分体现施工设计图的系统性、协调性和有效性。设计图的系统性，要求图纸是系统的图纸，系统的图纸能概略表明各项工程施工的组成系统及联系关系。设计图的协调性，要求各项工程图纸之间能相互说明，互为解释。说明各种设备、设施的平面位置、说明各种设备的工作原理、说明各种原材料的特性、参数的设备材料表。各图纸的标注重复是允许的，但必须保证这些标注的协调一致，保证各图纸之间的协调一致是高层建筑工程施工设计的重要方面。高层建筑工程施工图纸的有效性，必须在设计单位的资格证书允许范围内的设计，这样才是有效合法的设计施工图纸，才可成为施工结算的有效依据。

（二）施工材料的管理

施工材料的问题对于机电安装工程来说是至关重要的一个环节，施工单位不仅要对材料进行必要的了解，对于材料和设备生产单位也要做好调查，在实行采购和使用材料设备之前，要确定其生产单位是否有生产该材料的能力和资质标准，只有这样才能确保在材料使用过程中发生因材料质量不过关而产生的纠纷以及生产单位供给能力不够等现象的发生。同时在材料和设备的运输过程中，尽量选择不复杂的运输路线，确保不会因道路问题导致工程延误。材料到达施工现场后，施工单位应组织相关技术人员对材料进行仔细的检查，保证其质量过关，并要求出示材料的相关文件和证书，如果材料出现严重的质量问题，应尽早进行退货处理。

（三）施工合同管理

施工单位在拿到相应文件后，应该结合自身的实际情况和客户需求来进行合同的内容审核，对合同内容在施工过程中可能发生的变更做出提前预测，对安装工程的实物量做到一定掌握。根据客户需求，科学合理地进行劳动分配和组织、施工工期、设备机械和施工方法的评估，并在评估过程中仔细研究和分析招标文件和合同内容，对合同内所提到的各项费用和补贴做到考虑周全。在合同签订之后，施工单位要和客户主动协商，签订安全和防火协议。

（四）质量管理

建筑机电一体化设备的安装质量与整体建筑工程的质量密切相关，不但影响着工作人员与居民的生命安全，而且还与工程的社会效益与经济效益有着极大的关系。为此，必须要重视其质量管理工作，具体可从以下几方面着手进行。首先，应当严格把控安装前的设计图纸的质量，尤其要保证设计图纸的合理性与简洁性，能够让安装人员正确了解并掌握设计图纸的意图，并能够结合具体情况来对设计图纸进行补充与完善。其次，在安装过程中，质量管理发挥着极为重要的作用。这就需要安装人员在安装过程中严格依照设计图纸来作业，并确保安装操作与相关规范要求相符。严禁在安装过程中擅自更改安装方式与安装范围。不仅如此，还需全面、系统的登记安装工程，并保证相关安装考核制度与标准质量要求是否相符，如若安装工程中出现任一工序不达标的，则严禁开展下一道工序。再者，进一步提升安装质量。由于安装质量与整体工程质量息息相关，因此必须要严格把控施工材料与设备的质量，严禁质量不过关的材料与设备投入施工当中。与此同时，还需追溯质量不过关的原材料，避免同样情况再次出现。最后，做好安装调试工作。在安装后期，必须严格依照标准要求来调试设备与系统，切不可精简调试步骤或是进行跳跃式调试。此外，还需仔细做好调试记录，以确保调试工作的真实、全面与准确。如果出现不达标的设备，务必要进行更换。

三、技术要点分析

（一）母线的安装

技术人员在安装母线的过程中，要尽量避免母线受潮，应安装在室内通风干燥处，其他设备和母线进行连接时，避免有额外压力进入，并且应保证每个部件的连接处做好密封。

（二）机电设备安装的技术要点

一般在进行机电设备安装时的主要流程是：对设备进行放线定位；进行首次设备测试；机电设备定位；精度调整；完成安装。在机电设备安装伊始，应对机电设备进行严密的检查，确保其质量和安全性，同时要结合施工实际对机电设备的型号和数目进行核对确保工程顺利完成。

（三）弱电系统的安装

弱电系统安装的特点是安装所用工期相对较短，安装设备昂贵，等等，主要包括的项目有：监控闭路电视；防火系统；报警系统；内部人员通话系统；停车场管理系统等。弱电系统安装过程中，除了线路管槽需要与建筑工程同时进行，其余的末端设施和中央管理设备都可以在工程结束后再进行。在预留线路管槽和空洞的时候应提前做好准备，确保一次成型。根据材料和电缆之间的距离采用不同的施工方法。在完成敷设后，要对线缆进行相关标准的测试。

总的来说，建筑企业想要得以生存，其自身的竞争力是非常至关重要的因素，而且还要对机电设备安装管理相关工作负责，以此来保障安装管理工作品质，提升整个建筑项目工程的品质水平，如此一来，建筑企业才可以得到更好的发展，才可以在这样的市场竞争里有一席之地。

第二节　机电控制系统与机电一体化产品设计

现代科技不断提升，在机电控制系统领域投入的科技水平也越来越高。目前逐渐采用机电控制系统与机电一体化产品设计技术，这一方面的技术应用已逐渐推广到多个相关领域，取得极大成效。文章从了解机电控制系统入手，深入探讨机电控制系统与机电一体化产品设计。

伴随着科技水平不断提升，在机电控制领域也逐渐采用一体化设计思想，这极大程度上解放了人力，同时提高了机电工程运行的效率和质量。通过了解机电控制系统与一体化设计的理念，并结合这一技术在机电控制系统中的具体运用，来探讨机电控制系统与机电一体化产品设计的进步之处，致力于推动我国机电控制系统领域的高速发展。

一、机电控制系统和一体化设计理念

目前各领域的发展中逐渐趋向于一体化，减少了人力物力的投入，采用自动化控制设备来提升控制系统的科学稳定性。在机电控制系统领域也逐渐采用一体化的设计理念，并在具体应用中取得了较好效果。

（一）机电控制系统

机电控制系统是为了让机电生产设备和机器能够正常运作，按照规定好的程序进行自动的操作。高效的机电控制系统，可以使整个工作运行形成一套完善的运作体系，完成特定的任务。因此，机电控制系统最重要的部分在于控制，目前在相关技术领域采用的是单片机技术和通信技术等的结合，通过这些技术的相互结合来起到综合性作用。目前机电控制系统的发展越来越趋向于一体化，并在我国航空航天等多领域实现了突破性进展。

（二）一体化的设计理念

近年来，我国在机械制造领域投入更多科研资金，发展更高效的发展方式，有效推动了我国制造业的发展。借鉴信息产业等采用的一体化改造技术，同时汲取西方等国家的机械一体化设计理念，在我国机电领域也逐渐推行一体化的设计。因此，我国在对机电控制系统领域进行进一步发展时，可以朝着一体化的方向进行完善，将机电产品作为完整的自动控制系统进行升级。在发展过程中，不仅要借鉴一体化的设计理念，同时要将智能化，网络化以及系统人格化等技术理念与机电控制系统联系起来，这样才能真正意义上实现机电一体化的产品设计。

（三）机电控制系统的发展

在未来的发展中，机电控制系统更趋向于无线远程控制，这更考验了其一体化产品设计的运用效果。借助机电控制系统的一体化，可以帮助操作人员进行远程控制，这一过程建立在通信网络连接的基础上。因此，在未来的发展中，要将计算机技术与远程监控系统等紧密联系起来，借助这些技术来加强对机电控制系统的监控，使机电控制系统真正实现一体化。另一方面，也可以采用无须操作人员监控的一体化控制系统，这一技术的应用需要把检技术人员与机电控制系统通信的平台，实现远程人机交互控制。在未来的发展中，机电控制系统将不断完善，朝着更高科技的方向发展。

二、机电控制系统与机电一体化产品设计

（一）使电子控制与机械结构控制紧密结合

由于机械装备和电子系统都无法单独完成任务，因此在设计中通常将二者联系起来，这样才能更高效的完成预定目标。同时增加更多的技术，实现软件硬件的高效结合，这样的设计满足了机电控制系统的准确度，同时大大提高了产品运行的效率和质量，满足市场需求。

通过对编程器件进行优化升级，并将电子控制融入机械控制中，可以大大提高机电控制系统的运行质量和性能，进而运行机电一体化的设计。

（二）整合电子控制与机械控制功能模块

部分机电控制系统在运行一体化产品设计理念时，无法完全实现机电控制与电子控制结合的效用，这就需要将产品各功能模块进行整合，使其成为一个综合系统。这样的综合性系统有利于机电系统实现一体化，同时节约了设计的时间和成本，并且有利于故障维修和操作管理。对于机电控制系统的一体化产品设计而言，多功能模块的整合是一项基本要求，对于机电控制系统一体化具有重大地推动作用。

机电控制系统未来的发展要适应与时代的需求，采用一体化的产品设计理念，同时不断优化升级自身控制系统的设备，实现性能等的提升。通过将电子控制系统与机械控制系

统紧密结合，来提升机电控制系统的稳定性，这是一体化设计理念运用的最好表现。未来的发展中，机电控制系统也将朝着一体化方向不断迈进，实现更好的效用。

第三节　基于 PLC 控制的机电一体化设备的安装与调试

要保障机电一体化设备高效正常运行，关键便是在使用前进行科学有效的安装调试，这样才可以让设备达到标准。机电设备在安装过程中每个环节都要保证管理科学，对施工图纸和组织进行有效管理，这样才可以在安装过程中不会出现较大问题，保证设备运行。

PLC 是为了实现工业自动化控制将计算机技术、通信技术、微电子技术、自动化技术融为一体的控制装置。因 PLC 控制可靠性高、体积小和编程简单、安装维修方便、接线少这些优点，企业自动化生产中都广泛使用 PLC 技术。所以 PLC 技术在整个机电设备中有着重要作用，为了设备稳定运行，对基于 PLC 控制机电设备进行安装和调试也是必然选择。

一、PLC 机电控制系统原理

计算机技术现在得到极大发展，但是在工作环境恶劣的工厂，在抗干扰和可靠性这些方面都没有得到良好的效果。PLC 以其自己优秀的性能在工业控制上得到广泛使用。要想调试好 PLC 控制下的机电设备，一定要认真了解 PLC 的基本原理，现在从控制结构入手详细论述。

PLC 控制结构上主要有输入输出模块、独立电源、编程软件、PLC/PC 联接、编程器、PLC 这些部分。这些部分通过有机联接组成完整的控制模块。

系统编程语言，PLC 主要是为工业控制进行开发的，同时也主要针对电气技术员。从适应掌握能力入手，经常使用面向问题的自然语言。主要有梯形图、逻辑功能图、逻辑方程以及布尔代数这些语言。

在调试过程中一定要认识到，PLC 是整个系统的中心，所有配置和功能都是围绕 PLC 展开。其中 PLC 的性能主要是由 CPU 决定，使用哪种语言和通信单元这些都是其决定。

二、PLC 机电控制系统设计和安装调试

（1）输入输出模块的设计。PLC 主要控制对象是工业设备，工作环境是工业现场，主要是通过 I/O 接口实现连接。在控制器上都有输入通道，每个通道上有输入点。在输入端子中除了有普通端子之外也有高速计数端子。这些端子都可以输入开关量或者模拟量，在输入模拟量过程中要使用特殊功能的模块。输出上也是由输出通道和端子组成，输出的电

流最小为 10mA，最大可以达到 2A，这种电流一般驱动都可以满足。在驱动需要更大的电流时可以通过中间继电器驱动负载。输出端子主要是通过彩排线、专用台阶座插，通过输出端子直接引入系统面板，一个端子对应一个插孔。在设计好控制程序之后可以在计算机上进行模拟，使用模拟软件，也可以将二极管作为负载进行验证，这样的方式确认模拟控制逻辑是否正确。这样对系统研发来讲可以缩减周期和经费。

（2）电源模块。在设计电源时，很多 PLC 上都有 24V 电源。使用的电源中除了有交流电源之外也有直流电源。交流电中很多都是单向交流介入电源端子，中间一定都有设置交流开关和保险。除了 24V 也有使用 5V 直流电源，这种主要是为模拟负载提供。

（3）设计中保证可靠性。可靠性主要分两部分：第一，设计和使用的科学合理；第二，软件和硬件的保护以及抗干扰能力。在硬件上主要有两个保险，同时保证电源小于 2A。同时依照不同的干扰类型主要使用功能分两种方式：第一是内部干扰，这种主要是因为配置方式以及元件质量问题，造成硬故障；第二是外部干扰这种干扰主要是强电设备侵入造成，同时这种干扰也较为复杂。

（4）因此，在安装调试时可以从提供可靠的电源和抗干扰这些角度进行分析。要检查是否是外围信号和模块不配适的问题，同时也可以减少外围设备的中间环节，这样的方式减少电气干扰。发现 PLC 有控制较大功率电机时，一定要在输入点接好屏蔽继电器，这样可以对电机回路通断电弧进行隔离，也可以减少电机在频繁启停后出现电磁干扰。

在安装过程中，模拟信号输入电缆很多都是选择屏蔽电缆加信号隔离器，使用这样的方法抑制电磁干扰。同时在布线过程中一定要将各种电缆分开布置。同时对于模块系统的接地端子 LG，一定不能接地，在受到电磁干扰十分严重时，可以使用专用接地。

软件调试。系统中有开机自动检测程序，在开机之后以及系统自检开关执行自检，也可以依照指示灯是否正常进行判断。在软件中输入去抖动程序。这样可以避免出现在按钮作为输入信号时，产生抖动的问题。

在调试时可以编制故障判断程序，在施工过程中，经常会发生连续故障的问题，假如可以知道第一故障，这样对问题分析将十分有帮助。同时也可以编制装填监测程序，依据系统中的控制逻辑，编好监视系统。

三、案例分析

在案例中，设备的安装和调试主要为机械手的安装和调试，程序设计主要为机械手 PLC 控制部分，物料输送、分拣这些单元的调试和安装，调制变频器参数，选择传感器等，具体的调试如下。

（1）自动线路设备控制要求。第一，初始位置，在通电和气之后机械手臂要完成伸缩、手臂上抬、指关节放松、接卸手放在限制位，退料气缸逐渐缩回，红色警示报警。第二，打开启动开关，红色警报灯和绿色警报灯同时亮起，料盘不断转动，拔杆将物料送入料盘出口相关料台上。这时料台中的传感器便会接到信号，同时料盘电机停止。驱动机械手将物料全部输送到皮带顶落料口。这样料台在没有物料之后料盘电机便不断转动进行送料，这样形成循环。第三，落料口的光电传感器只有在检测到物料之后才会驱动变频器，电动机会使用12Hz频率驱动传送带进行由左往右的传动。金属物料进入料槽1，白色垃圾塑料进入料槽2，黑色塑料进入料槽3。第四，皮带在启动之后，在30s之内没有检测到物料时，变频器将会停止，同时蜂鸣器开始响起。第五，在按下停止之后，设备便会完成单循环，之后便停止工作。

（2）生产线PLC控制程序设计。总体方式，考虑到机械手的动作较为复杂，使用基本指令较难实现，因此使用顺控指令编程。顺控指令思路较为清晰，层次分明，在对复杂线路各部分编程时修改方便。将机械手动作分为四大步走，有初始位，抓料和放料，以及旋转到初始位，物料在输送以及推料时使用S、R编写指令。

（3）变频器设置参数进行接线。主要使用SIEMENS MN420变频器，这些拥有较高运行可靠性以及多样性。在前期调研中了解MM420基础变频结构，同时也可以掌握好参数设置调试的方式。

变频器在参数设置以及接线上的要点。第一，设置好P0010 30和P0970 1之后，一定要等三分钟，之后才可以进行参数设置。第二，变频器接线时一般都是三相电源，分别为L1、L2、L3、PE，这时注意好PE保护接地不能和N线混淆使用同一根线。出现问题之后空气开关将会自动断电。第三，U、V、W都是电动机线，接线为82、83、84，保护接地线为81号线。第四，将5W旋钮开关向左拨动，电机进入调试状态。运行过程中假如发现电机出现反转，只要任意转换电动机线便可以。调试之后，将5号6号7号开关全部都放到右边。第五，变频器中5W接PLC中的Q1.5。同时在发现变频器5、6、7和PLC输入口有连线时，一定不能拨动旋转开关，这样避免发生电源叠加进而烧坏电气。

（4）电路电气安装和调试。整个电路系统中，接线很多，依据模块设计的原理图主要将电路分为三大部分进行分析。输入接线，生产线中输入部分不算启动和停止之外一共有7个传感器，11个磁性开关。磁性开关蓝线接在DC24V-上，棕线接在PLC中I口位置。传感器棕线接入DC24V+，蓝线DC24V-黑线在PLC中I位置。输出部分。在输出部分主要为蜂鸣器和指示灯、转盘电机以及变频器机械手、退料中的电磁阀。电源与PLC之间的接线。一般情况下PLC输入电源时使用自身24V电源，在输出部分便是使用单独供电。实训台上使用24V、3A电源，这样才可以满足输出和输入中的电源需求。因此使用输入和输出共同使用一套电源的方案，这样才可以避免出现因为接线错误导致PLC中的内外电源出现叠加。

在接线中要依照设计图纸，逐一接线，在接线中由于24V线较多，在端子上容易混淆，因此要在接好之后进行重复检查。在拔线时要保证是在断电状态下进行。同时要检查设备上每个元件，其中主要为传感器和电磁阀、电动机、磁性开关。依据接线图接好后，打扫卫生，确保没有杂质和污秽，这样才可以通电。正常状态下传感器尾发光管没有闪亮则表示继电器没有动作。使用金属物靠近传感器之后发光管闪亮，继电器中的触电发生动作，这也可以说明传感器自身良好。

PLC 控制是近几年逐渐兴起的新技术，适用范围十分广泛，可靠性高，外围设备在连接和抗干扰这些方面都有很强的能力。因为这些优点使得企业中很多都使用这种技术，只要保证良好的安装和调试，便可以发挥出 PLC 控制电机的优势。

第四节　机电一体化设备诊断技术

机电一体化技术指的是将电工技术、机械设备制造技术、电子计算机技术、信息技术、微电子技术、接口传输技术、传感设备技术以及信号交换等多项技术综合性地结合起来，应用在实践的生产当中。设备的故障诊断要求对设备的运转状态做出评价和判断，设备的各部件在正常运转的过程中，难免会出现受力磨损等情况，久而久之就会出现故障，如未能及时做出诊断和维护，往往会导致严重的后果。文章结合案例对机电一体化设备故障诊断技术运行步骤和基本方式进行了集中解构，旨在为技术人员提供有效的技术建议。

所谓的机电一体化设备指的就是综合多种先进的技术，并将其可以较好地运用到实际工作中的设备。生产带动了经济的发展，也带动了机电一体化设备的发展，并且被广泛地应用到人们生产的各个领域，但为了避免设备在运行中发生故障或引起事故，就必须要有诊断技术在设备旁守护，及时发现问题，防患于未然。

一、机电一体化设备的常见故障分类

现在企业中所使用的机电一体化设备结构复杂，所使用的零部件比较多，并且设备的技术含量也很高，所以对于机电一体化设备的故障排查相对困难。机电一体化设备相对机械设备又比较容易出现故障。依据常见故障问题我们可以做出以下几种分类：损坏型的故障，这类的故障一般是指机电设备的零部件出现断裂、点蚀、拉伤等等问题；退化型的故障是指由于长时间使用机电一体化设备，机器出现老化、变质、磨损等问题；松脱型的故障是指设备的一些螺丝、螺栓等部件出现松动的问题；失调型故障是指机电设备使用的压力比较高，或者零件之间的间隙很大没有调整到合适的比例等等问题；堵塞或者渗漏型故障是指机电设备发生漏气或者漏水，零件出现堵塞等问题；性能衰退或者设备功能失效的故障是指设备不再具备特定的功能或者性能有所下降，等等。

二、设备诊断技术

现阶段，我国已经拥有了较为完善的机电一体化设备的诊断技术，在科学技术发展的带动下，一体化设备的诊断技术也越来越先进，对设备进行诊断时，可以及时的发现设备中存在的问题。诊断技术通常有以下几种：

（1）射线扫面技术。它的诊断原理是利用 Y 射线所形成的图谱对设备出现问题的部位和原因进行分析，主要用途是对工艺设备发生的故障进行检测，是一种新兴的技术。

（2）震动检测诊断技术。它是应用范围最广的诊断技术，它是通过有关的设备震动引起的震动参数来对设备中的故障及隐患进行的分析和检测，它主要被应用在设备故障的检测方面。设备在正常运行时会产生震动，这时利用诊断技术对其震动的参数进行检测，就可以了解设备是否存在问题，找出故障所引发的部位，若想要深入地了解故障所发生的具体部位，就要选择准确的测量点。利用振动检测技术不但使用方便，还能够及时有效的诊断出设备所发生的故障部位及存在的隐患，提高了诊断技术的准确性。

（3）红外测温诊断技术。它主要是依据设备在不同的位置所对应的温度是否异常来对设备存在的问题进行诊断。它是引用先进的红外检测技术与相应的机电一体化设备进行接触，在接触时感应设备不同位置的温度，然后确定设备故障的部位，它的诊断效率和精确度都相对较高。

（4）离线诊断和在线诊断。离线诊断在设备出现故障之后会得以运用，而在线诊断更加实用。现今社会告诉发展的信息技术的应用，能够及早发现故障。这些年来，迅速发展的以在线诊断技术为代表的现代故障诊断技术可分为：解析模型法、信号处理的方法、知识的方法。而后两种技术因其不需要检测对象的数学模型，已越来越引起重视。

（5）故障诊断的专家系统。专家系统主要有三个基本部分共同的组成，即故障检测数据库系统、用户界面系统和故障分析推理系统等，通过专家系统的应用，可以更进一步的促进机电一体化设备建设水准的增强。故障诊断的专家系统是一种基于信息技术的推广应用，建立在机电一体化设备的信息智能基础之上的新型系统，该系统在应用过程中故障查明的准确性和效率明显提升，减少了人力物力指出，是目前最先进的故障诊断技术。

三、完善机电一体化技术的诊断技术应用

（一）对设备进行仔细观察

我们需要看一下已经出现的故障是否有报警的提示，现在有的机电一体化设备具备自我诊断的报警提示信号，如果信号灯亮起来了我们可以直接依据故障发生的具体情况进行原因分析及时的排除故障。对于没有报警提示的设备我们需要依据已有的经验进行诊断。我们需要看一下机床的情况，看一下已经出现的故障是否破坏了机床的正常工作。如果已经出现的故障并没有损害到机床的工作只需要将其排除就可以了，已经严重影响到机床的正常运作就需要永久性的排除这种故障避免对机床造成更大程度的伤害。

（二）对整体设备进行测试

技术人员要在设备故障诊断前对整体设备进行测试，根据设备基本性质和组合结构进行集中诊断和控制，确保设备在进行组合过程中工序完整且有效。并要集中段诊断理论和运行方法进行综合读取，确保测试信息符合实际需求，从而实现对机电一体化设备运行状态综合评估。只有提高设备运行有效性，才能一定程度上保证故障诊断的有效进行。例如，机电一体化设备中的组合式变压器，产品型号为 ZCS11-Z，额定容量控制在 100kVA 左右，那么额定电压就是控制在 $36.75 \pm 2 \times 2.5\%$ 左右，额定频率在 50Hz，相数为 3 相等。

综上所述，机电一体化设备诊断技术发展与我国经济的发展是分不开的。机电一体化设备有效、及时的故障诊断技术能够让维修人员准确判断设备故障所在，是保证设备正常运转、实现效益最大化的重要保障。随着信息技术和人工智能的不断发展，故障诊断也由原先的经验技术转为电子信息技术，这是社会的进步，更是我国机械设备技术发展和前进的基础。

第五节　机电一体化的煤矿设备管理

说明了机电一体化在煤矿设备管理中的意义，分析了机电一体化基础上煤矿设备的管理策略，包括改进和提升煤矿设备的安全生产性能、优选煤矿机械设备、建立健全煤矿设备机电一体化安全管理、提升工作人员综合素质水平。分析认为，在煤矿设备的管理过程中，合理应用机电一体化技术可以有效地提升煤矿设备的管理质量和管理效率，实现规范化管理，保证煤矿生产过程中机械设备的安全稳定运行。

随着计算机技术和信息技术的发展，有效地推动了机电一体化技术的发展，其逐渐发展成为一门集计算机信息技术、自动化控制技术、传感检测技术、集成化管理技术、综合机械技术、伺服传动技术等为一体的综合性系统技术。如今，机电一体化技术在社会各个领域中得到了广泛的应用，将其引用到煤矿设备管理之中，可以有效提高其管理效率和质量。大量实践和研究表明，通过落实涵盖给排水、综采、供电控制、通风、皮带运输、安全等机电一体化技术，可以使煤矿安全作业、生产作业、管理作业有效地结合在一起，并为煤矿企业管理者提供与煤矿井下开采相关的数据信息，以保证煤矿生产朝着无人化、数字化方向发展与迈进。

一、机电一体化在煤矿设备管理中的意义

（一）提高工作人员的工作效率

在煤矿设备管理中引入机电一体化技术可以使落后的生产方式得到有效改变，工作人员只需借助微机系统就能够对机械故障、机械寿命做出及时、准确的诊断，然后制定有效的措施对故障进行处理，这样不仅可以有效降低工作人员的劳动强度，而且还能提高工作人员的工作效率。

（二）提高设备的安全保障

近些年来，国家对煤矿生产的安全问题给予了高度的重视，倡导安全型矿山建设，将一些先进的智能化设备和技术手段引入到煤矿建设之中，从而实现对安全故障的提前预知预报，避免安全事故的发生，降低不必要的伤害，确保工作人员的生命财产安全。

（三）提高企业的经济效益

虽然机电一体化的前期投入比较大，但是其不仅可以降低设备故障的发生率，而且还可以缩短设备故障的处理时间，简化设备故障的处理流程，从而确保设备可以在短时间内恢复正常运行，提高煤矿企业的经济效益。

二、机电一体化基础上煤矿设备的管理策略

（一）改进和提升煤矿设备的安全生产性能

在煤矿生产过程中，机械设备事故时有发生，并且大部分诱发因素是因为机电设备有失安全性。通过对煤矿生产实践现状进行分析可以发现，为了确保煤矿设备的安全运行，需要对其型号进行科学、合理的选取，尽可能选择安全性能比较高的设备，对于机械设备容易与人体发生接触的部位，如齿轮、联轴器及链轮等部位需要按照要求设置安全、有效、合理的防护措施。对于容易出现危险电压的复杂电气设备，还需要在其中安装防护装置，并对煤矿设备的安全生产性能进行不断地改进和提升，从而有效提高其运行效率。同时，也可以根据煤矿企业自身情况来对煤矿设备的性能和参数进行改进，最好对其进行可行性防护改造。在对煤矿设备进行制造的过程中，还需要加强对现有设备的升级改造，以期通过少量的投入来最大限度地获取经济效益，更好地发挥煤矿设备的优势效能，确保煤矿设备的可靠性、安全性与稳定性。

（二）优选煤矿机械设备

通常情况下，不同类型的煤矿设备在价格、性能及质量方面存在一定的差异性，这样一来就使得煤矿企业在对机械设备进行选择的过程中可以从多方面对其进行考虑，具有明显的多样性特征。首先，在确保设备稳定运行的基础上，煤矿企业可以优先选择成本低廉且生产商信誉良好的机械设备。其次，煤矿企业也可以对国外的先进技术和机械设备给予引进，并将其与国产化机械设备有效地结合在一起，从而提高煤矿设备的管理效率。最后，做好煤矿机械设备的综合优选工作，可以确保所选的机械设备更好地符合实际生产需求，提高设备的生产效率和质量。

（三）建立健全煤矿设备机电一体化安全管理体系

如今，随着我国煤矿生产机械化进程的不断加快，有效地体现出了机电一体化的作用。因此，要想构建一个优质煤矿安全生产体系，就需要从机电设备的实时控制、完善管理入手。实际上，煤矿机电安全管理属于实时动态的过程，其涉及的内容包括设备管理、系统管理、人员管理等。在机电设备管理层面，要采取措施确保每台机械设备都能够在健康的状态下维持运行，并通过制定一套科学、合理的管理制度来确保煤矿设备机电一体化过程的顺利进行，严禁质量不达标、不合格或不完好的设备投入到煤矿生产之中。煤矿设备使用单位还需要遵循生产安全负责的原则，严格按照各项安全标准来对其设备进行操作，履行设备检修预防制度，实施定期的设备点检，从而确保煤矿设备长时间保持健康、良好的运行状态，提高其运行效率。在系统管理层面，最好根据煤矿生产特点来建立企业资产运营管理系统、配件供应系统及设备维修养护系统，通过对各个系统的有效控制来保证煤矿设备处于健康运行状态，使煤矿设备可以创造出最大化的经济效益。在人员管理层面，煤矿企业最好本着从上到下的全员管理理念来开展煤矿设备管理工作，明确各自岗位职责，将他们的职责与利益挂钩，从而更好地激发员工的工作热情和积极性。同时，煤矿企业还需要做好员工的教育与培训工作，不断丰富他们的专业知识，强化他们的专业技能，从而更好地提高他们的综合素质水平。

（四）提升工作人员综合素质水平

对于煤矿企业而言，安全生产至关重要，而工作人员是影响煤矿企业安全生产最活跃且最关键的因素，因此应该遵循"以人为本"的管理理念，秉承管理、装备与培训并重的原则，更好地提升工作人员的综合素质水平。煤矿企业要定期对工作人员进行安全培训教育，使他们养成良好的安全生产素质，提高他们的操作技能，使他们能够对现场安全事故给予及时、有效的解决。煤矿企业可以把"三违"作为工作人员的突破口，对工作人员进行抓严、抓实管理，为他们营造一个人人讲安全、抓安全、管安全的机电一体化生产氛围。

在进行煤矿生产过程中，各个方面、各个环节的管理工作必不可少，这是提高煤矿安全生产的核心途径。目前，我国大部分煤矿安全事故的诱发因素均来自于煤矿机械设备发生故障、管理和监控不合理等。因此，为了有效改善上述现状，将煤矿设备故障的发生率降到最低，就需要在机电一体化的基础上优化煤矿设备的管理工作，不断改进和提升煤矿设备的安全生产性能、完善煤矿设备机电一体化安全管理体系、提升工作人员综合素质水平。

第六节　机电一体化设备诊断技术

采用机电一体化设备的故障诊断技术可以帮助工作人员及时发现设备存在的安全隐患，避免安全事故的发生，提高了工作环境的安全性。更重要的是机电设备的运行状况会直观地反映出企业维修技术水平的高低，提高设备的利用率，延长设备的使用寿命，自然提高企业经济效益。文章对机电一体化设备的故障特点作了具体分析，对其相应的诊断方法和机电一体化设备的故障诊断技术进行探讨。

企事业机械加工中的最关键设备就是机电一体化设备（数控类机床、振动试验设备、测量设备，和微电子技术制造设备等）。这类设备的价格还是比较昂贵的，而且对企事业来说机床的寿命是非常重要的。

一、对机电一体化设备的故障理解

如果设备出现了故障，损失和影响都是比较大的，而且更多的使用单位和使用者平常更看重其效能，对它的合理使用是不受重视的，更有甚者进行超负荷加工等，而且出现故障而导致停工的现象都是很普遍的，因此，为了发挥机电一体化设备的效益，更应该合理的充分的使用设备，不但要做到对其进行动态的监测和管理，并且做到对故障进行预前处理，最重要的是我们一定要重视日常维修和保养工作。

二、机电一体化设备的故障诊断解决方法

电子设备的故障具有隐藏性、突发性、敏感性的特点，机电一体化的系统不但有原有的机械和电子的特点，还有表征复杂性、故障转移性、融合性和交叉性。更因为机电一体化设备具有独特的特点，所以机、电有机结合和转变思维方式对设备故障的分析显得尤为重要。首先，更加深入的分析和了解机电一体化设备，对各功能模块框图要极为熟悉，根据各组成部分的组合、功能形式和工作环境，准确的去分析故障最有可能的形式和它所带来的影响程度，做故障树分析也是十分有必要的，通过故障发生的现象可以层层分解，找出故障形式的可靠性和逻辑关系有关的因素，产生故障的根源和实质可以弄清。机电一体

化设备的故障分析诊断法有故障树分析法、压力检测诊断法、自诊断法（故障代码、故障指示灯、报警等）、振动检测诊断法、温度检测诊断法、噪声检测诊断法、金相检测诊断法和时域模型分析法等。

三、常见的各种故障分类

（一）按故障报警和有无指示

可分为无诊断指示故障和有诊断指示故障。高级机电一体化设备控制系统都有实时监控整个系统的软、硬件性能和自诊断程序，如果发现了故障就会立即报警，可能还会在屏幕上显示指示说明。通过系统配备的诊断手册，故障发生的原因部位不仅可以被找出，而且可以提示故障的排除方法。由于上述诊断不完整通常会导致无诊断指示，只有依靠维修人员的熟悉程度和技术水平才可以对这类故障产生的前因后果加以分析和排除。

（二）按故障出现对机床或对工作有无破坏

可分为非破坏性故障和破坏性故障。对于非破坏性故障，找出原因并进行解决；对于非破坏性故障，损坏机床或损坏工件的故障在维修时不允许在此出现。

（三）根据系统的偶然性

可分为偶然性故障和系统性故障。系统性故障是指在满足一定的条件下则一定会出现的确定的故障；而偶然性故障是指故障的偶然发生是在相同条件下发生的。后者的分析比较困难，大多数是跟机床机械结构的局部松动有关系的，也和部分电气元件的工作特性漂移有关系。这类故障分析需要反复试验和综合判断才能够准确排除。常见的设备故障可分为机械故障和电气故障。

四、机电一体化设备可靠性设计以及影响

可靠性设计是这几年来发展迅速的和广泛应用的一种现代设计方法，他把数理设计和概率论应用于工程设计。传统设计不能处理的一些问题不仅解决了，而且还能有效、准确地提高产品设计的水平和质量，并且降低了不少成本。

影响机电一体化设备可靠性的因素有很多，一台设备从数控柜到电机和电力元器件各种各样、五花八门，要对影响整机可靠性的因素做全面评价是相当困难的，那么就只能从一些具体问题来入手从而提高整机的可靠性，而影响可靠性的因素有：

（一）元器件失效的分析

构成整个数控设备的基本单元是元器件，整机可靠性的基础是单个元器件的可靠性，

根据概率运算法则，整机的失效率相当于各组成部分的失效率之和。因此，如果用于实际系统应该严格挑选失效率低的产品。

（二）元器件的链接、组装和保养

机电一体化设备有着复杂的控制系统，纵横交错的电气元器件，只有解决好链接与组装的可靠性，才能保证整机的可靠性，产生系统故障的原因之一，就是插接件的接触不良会造成信号传送失灵。此外，由于湿度、温度变化比较大，机械振动的影响以及油污粉尘对元器件的污染都会影响系统的可靠性。

（三）电磁干扰的处理

利用电能进行加工的电气控制设备是机电一体化设备，伴随着电磁能量的转换是在运行过程中的，往往一方面本身会受到所处环境电磁干扰的影响，同时，另一方面也会对周围环境产生影响。加工中心和数控机床是电力、机械、电子、弱电、强电、软件、硬件等紧密结合的自动化系统，是作为机电一体化的产物。电磁干扰和电磁环境问题也是一个极为复杂的问题。一般来说，数控系统被引入电磁干扰源的主要途径有：制动影响（有大功率用于制动的电机）、电器开关接通断电时有电火花产生的高频电磁干扰、交流供电系统受邻近大功率用电设备启动（如使用电焊机），造成电压电源波动；缺乏足够稳定的功率储备，直流电源负载能力不足，造成直流电源电压随负荷变化而波动，布局不合理或电源与地线的线径太细，公共的导线阻抗在电子元器件相互之间通过，发生信号交叉干扰或畸变。

科技在发展，时代在进步。我国的故障诊断技术也在不断发展，虽然也存在问题，但是随着科学技术的快速发展，先进机电产品在实际中的应用及效果越来越受重视。理论方法固然重要，但是，只有深刻地理解理论和实际及其相互之间的联系，并且在实践中能充分、准确地运用理论，故障诊断的效率和精度才能提高，设备的可靠性也能提高，这样就可以称得上成功了。

第七节　机电一体化协同设计平台

为了提升和加强机电一体化设计产品时不同专业和学科的设计人员进行协同设计时的效率，通过使用 CAX 软件，在 Web 项目组级 UML、PDM 技术的前提下，模拟现实样机的技术构建一个集机电一体化协同进行设计的平台，能够使机电一体化各种学科在协同设计时的高效性得到满足。本文探讨 PDM 服务器和不同的工作站群以及这个协同设计平台运作流程，显示其可提高多样化专业和学科相关设计人员协同设计的效率，设计人员展开创新设计所占比例也明显增加。

机电一体化实际上也被称为机械电子工程，其技术完美融合了计算机技术、机械技术、自控技术、信息管理技术和电子电工技术等相关技术。本文根据现存的 CAX 软件，基于 WEB 项目级 PDM 技术，切 VIL，模拟样机技术建立起机电一体化协同设计。

一、平台结构

机电一体化协同设计的平台结构，主要是由以 WEB 项目级为前提的 PDM 服务器跟很多其他完成各自设计的工作站群根据局域网进行联网，同时通过设计部门网关与企业级网关各自连接到企业内网与 Internet。所有的工作站群根据基于 WEB 项目组级 PDM 服务器来互相交换设计数据，为今后的协同设计奠定基础。MCAD 指的是机械 CAD 软件，比如 E、UG；ECAD 指的是电气 CAD 软件，像电气版 AutoCAD；EDA 指的是电气设计自动化的软件，例如 PADS 等；而 CAE 指的是电脑辅助工程软件，像 ANSYS 等。

二、项目组级 PDM

PDM 全称为 Product Data Management，是特种某类软件的总称。PDM 是协助工程师与相关人员对产品数据进行管理、对产品进行研制开发的一种工具。PDM 系统能够做到对设计所需要的信息和数据进行有效跟踪，并以此来保护产品。PDM 能够对图文档和数据库记录进行管理与规划，它是凭借 IT 技术对企业进行优化管理最行之有效的一种方式，是企业现实问题跟科学化管理结构相融合的一种产物，是企业文化跟网络技术相结合之下的一种产品。由于 PDM 系统具有规模性、开放性和功能性等区别比较大，所以通常我们将其划分成两类：其一面对的是设计团队，针对具体化的研发项目，在局域网中运行 PDM，我们也把这种称为是项目组级 PDM；其二就是企业级 PDM，它是比较高层次的，可以根据用户需要以任何一种规模的形式构成多网络环境、多数据库、多硬件平台等集成于一体的跨地区和企业的超型 PDM，从而提供完整的解决方案，我们这里所用到的则是项目组级的 PDM。

三、工作站群

在机电一体化协同设计的平台当中，囊括了很多个执行各种任务的工作站群，这主要是根据设计人员专业水平进行划分并加入到设计管理当中的工作站群。机械设计的工作站群主要是负责机械设计工作，包括获取任务书、根据产品方案与设计程序对负责的部分机械加以设计核算、用 MCAD 来建模、用 CAE 软件来分析和优化模型，并修改，转变成工程图，向 PDM 提交。控制算法和设计软件的工作站群其职责就是根据设计流程和产品的方案，把特定设备硬件原理作为中心参考，对其进行软件和控制算法的相关设计。控制算法可以通过使用 CAE 软件进行仿真分析，之后运用特定软件来研发工具，对于以设计好的控制功能和算法通过计算机语言的形式进行调试，最后将其提高到 PDM 中。设计管理的工作站它可以作为单独的工作站存在于协同设计里，同时我们也可以把它放到已完成设计任务的某个特定工作站中。设计管理的工作站主要是对设计进行审查，控制设计进度，充分协调发生在设计人员当中的冲突。

四、机电一体化系统设计平台的运作

开发新型机电一体化产品，首先要做的就是按照具体需求制作相应的实行方案，由于一体化产品涉及许许多多的专业和学科，所以要运用一种在各学科和专业中都可以进行沟通的语言对方案与流程进行详细描述，现在，运用比较好的语言就是标准建模语言，简称为 UML。它所采用的是比较成熟和完善的建模技术，用来通过图形化描述机电一体化产品的设计流程与实行方案，方便进行协同和沟通。在制定开发流程时，为每名设计人员都制定一个任务书，之后把这些任务书放在 PDM 系统当中，方便设计人员参考，把用 UML 建立产品实行的方案和设计流程这一环节当作产品的概念性设计，在所有设计环节中，概念性设计是其中最为主要的一个环节，它对产品创新程度造成了直接化的一个影响。这一环节结束之后就是具体的设计和搭建环节。设计人员以概念性设计结果为基准，把"样机"作为主线，在彼此之间相互协同这一基础上，各自进行设计工作。当物理样机达到设计要求之后，最后环节就是处理技术文档，比如说明书等。

由于采用 UML 技术，研发团队中所有学科设计人员在设计时的沟通变得更加有效率，设计工作都在高效同步进行，因为利用到了虚拟样机技术，也提高了设计质量。由于这项平台的有效实行，还使得研发团队有了足够的时间去创新设计。

第八节　机电一体化工艺设备创新

机械行业的发展基础是机械设备的研发，为了让机械行业获得更好的发展，需要机械产品以满足市场需求为基础，以实际需求为导向。机械研究的一个主要方面就是机械自动化，但它对于机械研究人员提出了很高的要求，因为在某个程度上讲，它同整个机械系统的完整性是相互关联的，同时，为了促进自动化机械设备设计和制造的发展，机械研究人员在机械设计和制造方面，不仅需要从多角度的研究机械知识，还要在与之相关的其他领域做出研究，然后通过在其他领域所学到知识与机械设计研发与制造方面相结合，从而达到创新的目的。

机械制造及其自动化技术在我国制造业快速发展的背景下，迎来了发展的新时机，机械制造及其自动化正在实现向智能化、高效化过渡，改变依赖于人工的传统方式。为了改变机械制造技术的单一局面，推动其多元化发展，我们利用新技术让机械制造自动化技术能够与微电子技术、自动化技术和过程控制技术逐渐融合，逐步形成并发挥智能化机械制造技术的优势，同时加快机械行业的发展速度，扩大在整个机械行业的影响力。

一、自动化机械设备发展历程和研发分析

（一）发展历程

机械化自动技术首先应用在 20 世纪 20 年代的机械制造加工的大批量生产中。可变性自动化生产技术一直到 60 年代才逐渐出现，也慢慢适应了市场需求量和变化，使得机械制造业面对市场的反应能力逐步增强。机械化自动技术在制造系统基本不变时，生产过程自动实现预先设定的操作，同时零件的制造可以自动转变。

到目前为止，我国的机械自动化水准还只是位于操作阶段，和发达国家相比存在的差异还非常大。所以，我国引进国外先进技术的过程必定是循序渐进的。我们要从基本国情出发，以吸收、消化国际自动化技术理论为基石，不断改革，不断发挥创新能力，形成一套属于中国的机械制造自动化技术理论，同时应用到实践当中来推动其技术的迅速发展。

（二）研发分析

1. 设计方面

在设计研发自动化机械设备的时候，首先要从实际情况出发，然后把大体的工作范围规划出来后就可以提出申请。得到批准便开始把包括施工人员、技术、成本等方面的规划做出进一步细化。设计方面的工作都做好了以后还要提交二次计划，并且在经过批准以后划分板块。部门之间的工作分配也要合理，工作人员各司其职，才能加快部门的高效运转。

2. 制造方面

整体项目规划完成以后，就需要发挥加工部门加工工艺的作用。施工前要做好同各个部门之间的沟通工作，了解图纸的详细内容，尽可能避免在加工的时候出现差错。设计部门要把图纸上的数据标清楚，同时保证尺寸精确数据无误，对加工的整个制作流程严格监督管理，确保一切顺利进行。

3. 交付方面

机械设备的外观应在设备完工后由设计人员做好检查和验收工作，检验合格便能继续进行调试，最后运行设备，同时留意运行的状况。设备的性能和安全都符合标准，同时完成了交付工作，设备就能正式使用了。

当然，在使用机械设备时还要做定期养护和检查机械设备的运行状态，就要及时登记及时维修。

二、自动化生产线工艺设备的创新设计

现如今只有很少一部分大型制造企业自动化程度还比较高，虽然这项技术促进了生产线的高效运转，但是需要的投入比较多，场地和设备多，有时候会造成浪费，维修过程也相对复杂。部分企业使用比较落后的手工操作进行生产，存在生产效率低、安全隐患多、操作人员分配不合理等不足，劳动强度大，会浪费大量的人力资源。

以板材冲压生产线为例，一种重要的金属材料塑性加工方法：板材冲压成形法，被广泛应用到航天航空、汽车工业等领悟，其技术水平直接影响企业的成本和研发周期。

（一）满足工作空间布局约束的伸缩机械

狭义的伸缩臂是一种装在挖掘机上、通过伸缩组的作用使之能够灵活伸出和缩回的工作装置，同时工作半径还扩大了，这就是做传统伸缩臂。虽然它在理论上能用于组合形式的机械手上，但是它所占空间过大，也超出了标准重量，所以设备的稳定性因此受到影响。

这种能够最大程度节省空间的气动式折叠伸缩臂，相对伸缩臂来说，可以成倍缩小所需空间，而且它在机械手整体滑移的时候，处在紧缩状态，所以有着很强的稳定性。

（二）基于产品质量考虑的板料分离方法

在冲压生产线中，板材表面附有油膜，并且经常会使板材粘在一起，另外由于手工操作没有专门的拆垛过程，所以手工操作者在取料时完全只能凭手感。如果把双层板材或者多层板材送入到模具内，可能会对模具造成一定程度上的损坏，随之而来的是昂贵的维修费，生产也被耽误了。

这种基于双料检测的板料分离方法，料垛预先进行独立吹气处理，采用分为动吸盘和静吸盘的端拾器微变形模式，同时安装了厚度传感器，可以对板料厚度进行检测，只有在单张厚度的情况下才进行送料处理，多张厚度则需要重新抓取。

（三）柔性生产线中的"积木式"组合设备

柔性生产线的灵活性和"积木式"的组合形式，可以有效地缩短产品变形过程中耗费的时间，从而解决因市场订单品种多、中小批量导致生产换线频繁的问题，能尽早恢复生产，提高效率。"积木式"的组合设备由许多按照生产现状安装在溜板上的独立设备组成，这种组合设备只需要一个动力源，而且还增加了一个整体工作自由度 Z5，最终还能使某些机构指令的复杂程度有效降低。

三、机械制造及其自动化总体发展趋势分析

在自动化技术及机电一体化技术进一步发展的背景下，愈来愈多的技术与机械制造及

其自动化相结合，使得机械制造及其自动化获得了更好的发展时机，下面是其发展的三个总体趋势：

（一）向着机电一体化的方向发展

从现如今机械行业的生产过程中可以看出，朝着机电一体化的方向发展是未来机械制造及其自动化的发展趋势。我们在未来会使用机械制造及其自动化技术建成高度集成的数控设备体系，完成多种制造功能，彻底改变现有的半机械化半自动化的局面，使得机械行业的生产效率和加工能力在很大程度上有所提高。

（二）向着智能化的方向发展

现如今数控设备使用的越来越广，使得机械行业迫切的需要对技术进行升级。纵观现在的技术发展方向，在将来机械行业的发展过程中，智能化将成为机械制造及其自动化技术发展的主要方向。机械制造及其自动化技术与智能化技术的融合推动了数控设备的迅速发展，最终促进了机械行业整体水平的提高。

（三）向着模块化的方向发展

模块化成了目前机械制造及其自动化技术新的发展方向。未来的机械行业将会采用模块化生产和集成式发展模式，将会改变传统机械行业的生产方式，促进机械行业的发展。目前，模块化生产已经渗透到了生产实际中，不仅促进了高效生产，还增加了对机械行业的生产的影响力。

本文对生产线工艺自动化改良中的设备创新进行了工作研究，尝试提出了生产线自动化改造中的几种有效设备与方法。让我们了解到，只有机械设备的制造技术不断创新，机械设备制造行业才能快速发展。当然，还要注重和提高操作人员的整体素质，企业可以通过奖励模式来调动员工的积极性，便于加快机械行业的发展速度。

第九节　机电控制系统与机电一体化产品设计

现代科技不断提升，在机电控制系统领域投入的科技水平也越来越高。目前逐渐采用机电控制系统与机电一体化产品设计技术，这一方面的技术应用已逐渐推广到多个相关领域，取得极大成效。文章从了解机电控制系统入手，深入探讨机电控制系统与机电一体化产品设计。

伴随着科技水平不断提升，在机电控制领域也逐渐采用一体化设计思想，这极大程度上解放了人力，同时提高了机电工程运行的效率和质量。通过了解机电控制系统与一体化设计的理念，并结合这一技术在机电控制系统中的具体运用，来探讨机电控制系统与机电一体化产品设计的进步之处，致力于推动我国机电控制系统领域的高速发展。

一、机电控制系统和一体化设计理念

目前各领域的发展中逐渐趋向于一体化，减少了人力物力的投入，采用自动化控制设备来提升控制系统的科学稳定性。在机电控制系统领域也逐渐采用一体化的设计理念，并在具体应用中取得了较好效果。

（一）机电控制系统

机电控制系统是为了让机电生产设备和机器能够正常运作，按照规定好的程序进行自动的操作。高效的机电控制系统，可以使整个工作运行形成一套完善的运作体系，完成特定的任务。因此，机电控制系统最重要的部分在于控制，目前在相关技术领域采用的是单片机技术和通信技术等的结合，通过这些技术的相互结合来起到综合性作用。目前机电控制系统的发展越来越趋向于一体化，并在我国航空航天等多领域实现了突破性进展。

（二）一体化的设计理念

近年来，我国在机械制造领域投入更多科研资金，发展更高效的发展方式，有效推动了我国制造业的发展。借鉴信息产业等采用的一体化改造技术，同时汲取西方等国家的机械一体化设计理念，在我国机电领域也逐渐推行一体化的设计。因此，我国在对机电控制系统领域进行进一步发展时，可以朝着一体化的方向进行完善，将机电产品作为完整的自动控制系统进行升级。在发展过程中，不仅要借鉴一体化的设计理念，同时要将智能化，网络化以及系统人格化等技术理念与机电控制系统联系起来，这样才能真正意义上实现机电一体化的产品设计。

（三）机电控制系统的发展

在未来的发展中，机电控制系统更趋向于无线远程控制，这更考验了其一体化产品设计的运用效果。借助机电控制系统的一体化，可以帮助操作人员进行远程控制，这一过程建立在通信网络连接的基础上。因此，在未来的发展中，要将计算机技术与远程监控系统等紧密联系起来，借助这些技术来加强对机电控制系统的监控，使机电控制系统真正实现一体化。另一方面，也可以采用无须操作人员监控的一体化控制系统，这一技术的应用需要把技术人员与机电控制系统通信的平台，实现远程人机交互控制。在未来的发展中，机电控制系统将不断完善，朝着更高科技的方向发展。

二、机电控制系统与机电一体化产品设计

（一）使电子控制与机械结构控制紧密结合

由于机械装备和电子系统都无法单独完成任务，因此在设计中通常将二者联系起来，这样才能更高效的完成预定目标。同时增加更多的技术，实现软件硬件的高效结合，这样的设计满足了机电控制系统的准确度，同时大大提高了产品运行的效率和质量，满足市场需求。

通过对编程器件进行优化升级，并将电子控制融入机械控制中，可以大大提高几点控制系统的运行质量和性能，进而运行了机电一体化的设计。

（二）整合电子控制与机械控制功能模块

部分机电控制系统在运行一体化产品设计理念时，无法完全实现机电控制与电子控制结合的效用，这就需要将产品各功能模块进行整合，使其成为一个综合系统。这样的综合性系统有利于机电系统实现一体化，同时节约了设计的时间和成本，并且有利于故障维修和操作管理。对于机电控制系统的一体化产品设计而言，多功能模块的整合是一项基本要求，对于机电控制系统一体化具有重大推动作用。

机电控制系统未来的发展要适应与时代的需求，采用一体化的产品设计理念，同时不断优化升级自身控制系统的设备，实现性能等的提升。通过将电子控制系统与机械控制系统紧密结合，来提升机电控制系统的稳定性，这是一体化设计理念运用的最好表现。未来的发展中，机电控制系统也将朝着一体化方向不断迈进，实现更好的效用。

第十节　机电一体化系统建模技术与仿真软件

目前，机电一体化系统建模技术已经得到了充分的发展，加强对仿真软件的研究也成为机电行业发展的重要一部分。在对机电一体化系统建模技术以及仿真软件进行研究与分析的过程中，能够提高机电一体化程度，促进机电行业的有效发展。文章对机电一体化系统建模技术的对象、混合方法等进行了有效的研究，有效的分析了机电一体化系统的理想建模环境。

机电一体化的概念是由日本的 Yaskawa 公司最先提出来的，随着科学技术的不断发展，机电一体化技术也经历了一个漫长的发展阶段。在发展的过程中，机电一体化在漫长的发展过程中，逐渐由简单的机械组合发展成为多领域以及多成分相结合的技术，这也使得市场上的机电一体化产品逐渐成了主流产品。现阶段，市场竞争已经变得越来越激烈，为了

能够更好地迎合客户的需求，需要加强对机电一体化系统建模技术的研究。

一、关于机电一体化技术的建模方法

（一）键合图建模

键合图建模方法是经常使用的一种机电一体化建模技术，这种建模技术在混合系统建模的过程中会经常使用，它能够针对图形描述完成对机械系统的建模过程。这种建模方法最早开始于 20 世纪 50 年代末。Henry Paynter 对建模基本思想进行了有效建立，在这之后，Dean C.Karnopp 又对该理论进行了有效的发展，进而成为比较成熟的键合图理论。这种建模方式最早被应用在机电一体化系统建模过程中。在众多的键合图模型中，所使用的的基本图形元件大致能分成 9 类，各个元件之间主要是通过能量键进行有效的链接，并在每一个能量键上表明箭头，箭头指示功率的流向，键合图建模的重要基础就是能够加强能量流与能量流之间的交换，这在机电一体化系统建模过程中得到了充分的应用。

（二）方块建模

这种形式的建模方式主要是由控制学科中逐渐演变而来的，这种建模方式能够对信号流进行有效的输出和输入，这样就能够在输入和输出的过程中有效地完成建模工作。方块图建模主要由大量的控制模块组成，并利用现阶段的和谐模块进行有效的链接，这样就能够利用模块来表达输出和输入的函数关系，这种建模方式的优点就是能够利用前馈模块进行有效的反馈，进而利用模块来完成对机电的有效空时，进而有效地将机电一体化控制应用在建模技术当中。

（三）面向对象进行建模

20 世纪 70 年代左右，Hilding Elmqvist 提出了利用袋鼠方程式来对物理系统面向对象进行有效的描述。一般情况下，面向对象的建模具有一定的继承性、层次性和数据封装的重要特点，这样就能够对模型进行有效的重用，也能够尽量避免错误现象的发展。在面向对象建模的过程中，其实质是能够对相关对象进行有效的描述，并在描述之后对相关的对象进行封装，这样就能够将其作为一种图标的形式进行保存，这样的图像就被称之为对象图。所以，面向对象进行建模，也已经成为机电一体化系统建模的重要方法。

（三）系统图建模方法

在机电一体化系统建模技术发展的过程中，系统图建模方法也是一种重要的研究对象。利用系统图方法进行建模，能够对系统能量进行有效的表示，这样就能够加强系统图的联合性，这样的系统图方法和键合图方法想类似，能够利用少量能量进行元件的建模，进而能够更加清晰和直观地对系统结构进行构建，将这种建模方法应用在机电一体化系统建模过程中，也能够有效的促进机电一体化程度的更好发展。

（五）混合 Petri 建模方法

这种建模方式最早是由 Alla 提出来的，后来逐渐将这种建模方式进行了改革，形成了比较规范的信号系统，这种建模方法主要是能够对机电一体化位置进行有效的仿真，使其变得更加精确。

二、机电一体化仿真软件的研究与分析

（一）Schemebuilder 仿真软件

这种仿真软件实际上能够对机电一体化系统进行有效的辅助，这个软件具有有效的建模和仿真功能。该仿真软件在使用的过程中，能够利用方块图进行研究和分析，进而形成相应的仿真方案，这样就能够对仿真方案进行有效的描述，就能够在方案产生之后，尽可能的实现对整个机电一体化系统的仿真和控制。

（二）Dymola 仿真软件

这种软件目前主要被应用在汽车制造的过程中，被广泛应用在汽车工程的建模和仿真过程中，这样就能够实现多个领域内的电子系统之间的有效控制，进而完成对汽车或者机器人等领域的建模和仿真。Dymola 能够在使用的过程中对实际的物理对象完成建模，这样的建模过程具有至关的特点，也能够将其应用在键合图当中，这样就使得机电一体化系统的仿真软件具有高度的抽象性。

（三）Adams 仿真软件

Adams 仿真软件是一种非常有效的动态软件，这种动态软件是非常具有权威性的，在机械系统发展过程中得到了广泛的应用。利用这种仿真软件，能够自动生成一种动力学虚拟样机，这样就能够完成对机械系统的建模和仿真分析，并加强机电一体化的有效控制。因此，在机电一体化发展过程中，需要将 Adams 仿真软件与 Matlab 软件进行紧密的结合，进而能够有效完成对机电一体化系统进行仿真，并对其进行有效的修改。

笔者在文章中针对目前的机电一体化系统建模技术进行了有效分析，并对当前拥有的仿真软件和建模技术的优势和劣势进行了有效的分析，这样就能够对机电一体化系统进行直观的分析和建模。为了促进未来机电一体化的有效发展，需要对机电一体化的特征进行有效的分析，分析适合其发展的仿真环境，进而有效的促进机电一体化的有效发展与成熟。

第七章 机电工程与机电一体化的应用

第一节 机电工程技术在智能电网建设中的应用

在全球经济一体化进程加快的背景下，能源问题越来越成为影响一个国家发展的重要因素，我国虽然是资源大国，但我国人口众多，资源的人均占有率非常有限。电能作为人们每日必须使用的资源，供给和需求之间的矛盾日益明显。智能电网的运营模式能够极大地节约生产成本，智能电网的建设为电力资源的供应提供了强大的支持。因此，加快智能电网的建设，促进机电工程技术在智能电网建设中的应用十分重要。

对于电力工程来说，其施工技术水平关系到建设的质量，当前我国能源紧张，电力行业为了实现可持续发展，必须要提升工程建设水平，确保生产安全性，工程技术问题也成为相关研究人员研究的重要内容。人们在生产和生活过程对电力的需求不断提升，所以，必须要保证电力供应的稳定性，从而确保人们正常生活和生产。对于电力工程来说，工程技术直接关系到工程质量，因此，需要采取有效措施解决技术问题。

一、机电工程技术对智能电网建设的重要性

（一）有助于提高智能电网的效率

将机电工程技术运用于建设智能电网中，能够极大地提高智能电网的效率，机电工程技术作为高效的自动化技术应用到智能电网中，能够帮助智能电网自动控制和采集用电对象的数据，与此同时还能够更加智能地对用电数据和用电用户进行快速处理，还能够更加准确地收回反馈信号，从而提高智能电网的控制效率。

（二）有利于提高电网数据收集能力

在传统的电网中，由于技术含量低，自动化程度低，无法对采集回收的数据进行自动分组，而在智能电网中融入机电工程技术能够极大地提高智能电网采集回收数据的能力，并且能够根据电力设备的功能以及种类进行分组，自动形成不同类别的数据回收记录。不

但为检测电网设备的运行效率提供技术支持，还能够通过运用高级自动化技术对电网运营系统进行优化，整体上提高了智能电网的运营水平，提高了电网数据的收集能力。

二、机电工程技术在智能电网中的应用

（一）机电工程技术在发电环节中的应用研究

相对比传统的电网而言，智能电网优势较大，它主要可以实现对新能源的开发和有效利用。就我国目前而言，虽然经济发展十分迅速，但是发展过程中由于过度消耗能源，使得我国面临能源匮乏的严峻局面。此时对于电网而言，要在确保安全稳定的前提下，开发利用新能源，一方面促进电网的高效发展，另一方面也有效缓解了我国的能源危机。因此，在这一形势下，很多清洁能源得到开发和利用，并且不断被应用到电网接入技术中，例如太阳能、风能等，这些能源的开发和利用，有效地促进了我国电网事业的发展。另外，由于这些能源具有低污染的特点，加之新能源并网不断应用到电力工程，所以新能源在发电环节中得到广泛应用。

（二）机电工程技术在输电环节中的应用研究

随着我国社会经济的不断发展，电网建设取得了巨大进展，目前电网建设逐渐朝着高电压和大容量方向发展，这一方面给社会经济发展和人们生活水平提高创造了条件，另一方面由于电网的高电压和大容量，使得电网自身的安全性和可靠性受到一定程度的影响，所以对其进行完善和创新十分关键。由于电网朝着高电压和大容量方向发展，所以为了避免其中存在的风险和问题，需要应用机电工程技术中的特高压直流输电技术，详细如下：第一，特高压直流输电技术对于电网建设发展有着举足轻重的作用，其在应用过程中不仅控制便利，而且可以让交流电网之间实现协调发展，同时它还可以完成一系列大功率、长距离的电力传输工作，所以其应用十分广泛；第二，对于特高压输电网而言，它要求电力吸纳能力很强，同时对于系统安全和稳定要求较高，所以特高压直流输电技术可以有效提高系统的稳定性，从而为电网建设发展创造巨大便利。

（三）机电工程技术在变电环节中的应用研究

对于智能电网建设而言，它与传统电网的最大区别在于智能化和信息化，而机电工程技术的应用，可以有效实现智能电网变电环节的智能化和信息化，确保其发挥自身实质性作用。由于机电工程技术主要是建设智能化电网，所以实际的应用过程中，要避开传统的变电模式和要求，一方面确保电网的信息化发展，另一方面也可以充分发挥智能电网的优势。另外，机电工程技术在智能化变电中的应用还体现在以下几个方面，即信息采集、通信协议等，它可以有效促进各项变电环节工作的有效结合，使变电环节自动化效率更高，

同时它还具备自我诊断功能，可以对变电系统状态进行有效检测和分析，以达到提高系统稳定性的目的。

（四）机电工程技术在配电环节中的应用研究

对于智能电网中的配电系统而言，由于其可以直接接入到电力用户，完成供电操作，所以配电环节十分关键。为了能够有效实现配电操作，需要合理应用机电工程技术。通常情况下，机电工程技术可以分为三部分，即配电自动化、能源储备和智能化网络建设，而将其应用到配电环节中，可以有效起到预期效果，例如可以结合信息采集系统和能源储备系统，促进配电网系统的高效运行和管理。

（五）机电工程技术在用电环节中的应用研究

随着智能电网建设水平的不断提高，一方面有效促进了智能化小区的建设，另一方面也给用户用电提供了有效保障。通常情况下，对于电网企业而言，要确保用户用电的稳定和可靠，同时要大幅度提高电能质量，所以需要合理有效供用电系统。对于当下电力事业的发展形势而言，要想实现用户的高效用电，就需要不断深化改革，促进自身智能化发展，具体需要结合机电工程技术，详细如下：第一，机电工程技术的应用可以有效对智能电网实现管理，例如对用户用电信息进行采集和管理，避免偷窃电行为的发生，一方面确保用户的用电质量，另一方面也确保了电力企业自身的经济效益不受影响；第二，机电工程技术的使用可以根据电能信息，实现分阶段电价使用，为建设智能化小区创造条件。

综上所述，机电工程技术对于智能电网建设而言起到至关重要的作用，将其应用到智能电网发电环节、输电环节、配电环节以及用电环节，一方面有效缓解了能源消耗过大的问题，另一方面也有效促进了我国电力事业的发展。随着社会的不断发展，对于电力的需求将日益增大，所以建设智能电网将成为以后电网发展的主流趋势，而机电工程技术也将受到业内人士的高度重视。

第二节　水利工程建设中机电技术的应用

机电技术在水利工程建设中的应用十分广泛，能够促进保障水利工程的质量，提高工程建设的效率。基于此，笔者对水利工程建设中机电技术的应用进行了分析，首先介绍了机电技术应用背景下，机电设备的安装、调试、维护以及应用标准，然后将某水利工程为例，分析了机电技术的实际应用，以期为相关研究提供参考。

就目前的技术发展状况而言，机电技术的应用相对成熟，应用在水利工程建设中的机电设备也相对先进，但是和世界领先水平相比，仍旧存在一定的差距。由于机电设备的安装流程不完善、机电设备的调试工作不到位以及维护工作的缺失，导致机电技术的应用效果不理想。因此，工作人员需要提高对设备的重视，提高机电技术应用的有效性，进一步扩展机电设备在水利工程中的应用。

一、水利工程建设中机电技术的应用分析

（一）机电设备的安装

在实际的水利工程建设过程中，工作人员需要根据机电技术的规范要求正确安装机电设备，确保机电技术的有效应用。具体而言，工作人员首先要到水利工程的施工现场进行勘察，了解水利工程的地质条件、气候条件，明确机电设备的运行环境；然后，工作人员需要选择合理的机电设备，并对机电设备进行全面细致的检查，确保其能够正常运行，且满足水利工程建设需求；最后，结合水利工程的施工方案，合理安装机电设备，保障机电设备的清洁程度及运行可靠性。另外，虽然工作人员在安装之前全面检查过机电设备，但是仍旧需要在正式安装时再进行设备安全性检查，确保机电设备安装的安全性及可靠性。如果在机电设备安装中存在高空作业，工作人员需要做好防护措施，保护工作人员的人身安全。

（二）机电设备的调试

在工作人员将机电设备安装完成之后，需要机电技术人员进行机电设备的调试，再一次检查机电设备安装的安全性及可靠性，确保机电设备能够将机电技术的作用发挥出来。机电技术人员的调试工作内容包括机电设备正常运行情况下的性能参数、效率参数和工作效益等内容，并将测试的数据进行全面记录，将其输入到机电设备的数据库中，为技术人员对机电设备的操作以及管理提供便利。

（三）机电设备的维护

在水利工程建设中，机电技术的应用需要有效的维护措施，保障机电设备的稳定运行。机电设备的维护主要包括定期检查、设备的清洁以及用油标准这三个方面。其中，定期检查主要是指在水利工程建设期间，工作人员对泵站机组、机电设备、电路回路、水汽系统以及发电机等期间的检查，并将设备的相关参数完整记录下来，为机电设备的维护与检修提供可靠的数据参考；设备的清洁主要是指泵站机的清洁，主要的清洁内容包括泵站机附近的积水和杂物，保障泵站机的稳定运行；用油标准主要是指工作人员对机电设备用油量的控制，如果油里存在水、其他杂质，或者出现了乳化现象，会对泵站机的稳定运行造成负面影响，所以工作人员需要加强对油的管理。

（四）机电设备的应用标准

基于机电技术，工作人员在水利工程建设中机电设备的应用需要遵循如下标准：第一，制造标准，水利工程建设过程中应用的机电设备种类相对较多，其自造标准有所差异，工作人员需要根据机电设备的实际需求，选择充分满足多样化标准的机电设备；第二，设计标准，一般来说，机电设备的设计标准由电力行业制定，要求机电设备的设计人员在制造之前明确设计结果，确保机电设备满足工程需求；第三，造型标准，机电设备的应用需要考虑其造型的合理性，工作人员需要根据水利工程的规模及实际需求选择最适宜的机电设备。

二、水利工程建设中机电技术的应用实例

本文将我国某水利枢纽工程建设项目作为研究对象，对机电技术的实际应用进行分析。该工程项目位于三门峡水利工程的下游，需要控制近 70 万平方公里的流域。在进行该工程项目建设的过程中，工作人员广泛应用了机电技术，在很大程度上提升了流域的抗洪防涝能力，提高了水资源的利用率及开发效果。具体而言，在水利工程建设中，施工单位邀请机电技术专家利用中央处理器开展核心控制工作，利用分布式控制技术实现了水利工程建设的实时监控，能够在第一时间发现水利工程中存在的问题，从而保障水利工程建设的顺利完工。与此同时，在该水利工程项目中，工作人员将机电技术与总线技术相结合，大大提高了水利工程建设中通信的质量及效益，有助于水利工程建设工作的有序进行。

结论：综上所述，机电技术的应用可以提高水利工程的安全性以及可靠性，保障其稳定运行。通过本文的分析可知，工作人员需要加强对机电技术的研究，严格按照规范流程进行机电设备的安装及调试，并明确机电设备的应用标准，做好机电设备的维护工作，充分发挥出机电技术的重要作用，提升水利工程经济效益，使其为群众提供更为优质的服务，促进水利工程的可持续发展。希望本文的分析为机电技术的进一步应用提供理论指导。

第三节 煤矿安全生产中煤矿机电技术的应用

目前，在我国的煤矿安全生产中煤矿机电技术管理发挥着巨大的作用，它不仅可以提高煤矿机电技术的水平，还可以有效的规范煤矿机电设备的使用；它对于煤矿企业的发展具有十分重要的意义。因此，为了充分发挥煤矿安全生产中煤矿机电技术的作用，本文主要是针对煤矿机电技术在煤矿安全生产中的重要性以及应用现状进行全面的分析，并提出相对应的解决办法。

一、煤矿机电技术在煤矿安全生产中的作用

煤矿机电技术在煤矿安全生产中起着关键性的作用，它在煤矿安全生产中是属于一种基础性的工程，并且在一定程度上能够给煤矿生产提供安全的保障。由此可见，煤矿机电技术在煤矿安全生产中应用的重要性。它的重要性主要体现在以下三个方面：

一是煤矿机电技术管理在煤矿安全生产中的应用能够有效地规范机电设备的使用；这对煤矿安全生产来说是非常重要的，假如机电设备操作不当或者是不规范使用的话，不仅会导致设备受损，严重的话还会发生安全事故，甚至会让工作人员和生产人员的生命安全受到威胁。二是在煤矿安全生产中应用煤矿机电技术可以提高机电设备使用时的安全性；因为在煤矿企业的生产中，其主要的生产工具就是机电设备，所以管理人员在对设备进行管理的时候，要注意对这些机电设备进行定期的保养和维修，这样才能在一定程度上提高机电设备的安全性能。三是在煤矿安全生产中应用煤矿机电技术能够提高煤矿安全生产的技术水平。

二、煤矿机电技术在煤矿安全生产应用中所存在的问题

（1）煤矿机电设备的维护不足。煤矿机电设备是煤矿安全生产的基础条件，在煤矿企业的生产过程中，机电设备可以大大地提高煤矿生产的效率；但是很多煤矿企业只知道使用，却不懂得维护，这样就容易导致设备出现老化的现象，从而降低了机电设备的使用性能。并且煤矿企业在给设备升级方面也存在很多的不足，使得机电设备没有完全发挥它的作用，最后导致许多安全事故的发生。

（2）机电技术的管理意识不强。很多煤矿企业为了保障煤矿机电生产过程中的安全性，都开始对对煤矿机电技术进行管理，但是许多机电管理人员只知道对煤矿生产工作进行管理，而对于煤矿机电技术管理在煤矿安全生产中的作用认识不够明确，这样就容易导致一些管理人员在技术管理工作上比较随意，机电管理不到位的现象也越来越多，从而影响了机电基础管理工作的进一步开展。

（3）缺乏有效的煤矿安全生产技术。对于煤矿的运输、开采和监管，这都是需要相对应的生产技术才能够进行。但是很多煤矿企业都缺乏有效的安全生产技术，同时也缺乏对技术人员在相关技术上的知识培训；还有就是部分煤矿企业为了节约成本而不重视专业人才的招聘，最后就会导致煤矿企业安全生产的技术水平降低，从而发生安全事故。

三、解决煤矿机电技术在煤矿安全生产应用中问题的办法

（1）做好机电设备的维护工作。对于机电设备的维护，一定要制订详细的检测计划并做出定期的检查。因为检查可以预防机电设备产生问题，就算产生问题也能快速的发现出

现问题的原因。设备的停产检修必须要计划好并严格执行，因为它是完善机电设备的最佳时间。同时检修的工作人员要具备较高的职业素养，在检修过程中要利用自己的专业知识来完成检修；而且对于需要检修的设备要进行合理的分配，这样才有助于检查检修的成果，才能使工作人员的责任心得到提高。

（2）提高相对应的机电技术，构建合理的机电结构体系。在煤矿安全生产的过程当中，对于机电设备的使用要求操作人员具备较高的操控技术，所以在煤矿安全生产过程中要加强工作人员对机电技术相关知识的培训并努力提高施工人员的专业技能。同时煤矿企业要注重技术的发展和培养，这样才能立足于市场，企业才能走得更远，才能保障煤矿生产的安全性能。合理的机电结构体系是机电安全稳定运行的基础，设计采用双电源、双回路供电可提高可靠性，为此要保证煤矿应有二路独立电源线路。

（3）加强对煤矿生产的安全管理。实施安全管理在煤矿企业的生产过程中是一项必不可少的工作内容。在保障机电设备能够安全有效运行的前提之下，要先保证机电设备在安装的时候是否有质量问题；然后在依照煤矿生产的实情来选择合适的机电设备，还要根据相应的机电技术来对需要更换的机电设备进行更新，这样才能保证机电技术能够被有效地应用；还有就是相关的操作人员要依照煤矿生产的实情来学习一些相对应的机电操作技术，以达到提高机电技术的应用程度的目的。比如说 ERP 系统的应用，通过动态监控能够很好地对生产、质量和安全进行监控。

在煤矿生产中安全始终是占第一位的。因此为了实现煤矿的安全生产，我们就必须保证煤矿机电技术管理的合理性，从机电设备、管理制度以及管理人员的素质等多个方面出发，提高煤矿安全生产的系数并保证煤矿生产的可持续发展。

第四节　过程控制系统在机电一体化中的应用

现代生产系统被革新，越来越多的智能化装置以及设备被用于现代生产活动之中，技术人员将电子技术与机械制造技术结合起来，开发出了机电一体化这种现代科技，使机械设备更具智能化应用特点。机电一体化技术属于具有综合性特点的现代科技，技术人员需要在应用具有机电一体化特点的机械设备时，引入过程控制系统，实现对设备的自动管控。本文对过程控制系统的具体应用进行研究。

从改革开放以来，我国经济的发展水平不断提高，当然这也在一定程度上加大了每个行业的竞争力。在如此复杂的市场经济环境中，只有将自身缺点进行优化、不断地完善自己，才能在如此激烈的竞争中占据一席之地。机电一体化系统对一个工业大国来说尤其重要，作为我国运用范围最广的系统，不仅要提高可靠性，还要提高其高效性。只有发现到系统中的不足，不断改进，解决问题，才能确保机电一体化在我国的重要地位不动摇。

一、机电一体化的现状

国际上机电一体化可以分为三个阶段，分别是 20 世纪 60 年代以前人们刚开始使用机电一体化这项技术的初级阶段、20 世纪 60 年代到 21 世纪初期人们不断开始研究的研发阶段、21 世纪后期世界各国对机电一体化有了极大关注并不断发展的阶段。目前，美国与日本作为先进技术大国，在机电一体化技术发展方面处于世界领先技术，两国均将计算机芯片制造技术、柔性制造技术、人工智能机器人等列为创新高水平研究技术，这个举措在一定程度上促进了世界对机电一体化技术的了解与研发。随着越来越多的国家加入到机电一体化研究的行列之中，光学、通信技术等都与机电一体化相互融合，并且对机电一体化系统的建模设计、分析及方法都进入了深入研究。机电一体化在世界范围内得到了迅猛的发展，使得其从单机向整个制造业的集成化过渡，产品遍布各个领域，也促使一些新技术的出现，为世界科学技术水平的提高有促进作用。

我国从 20 世纪 80 年代开始，我国便加入到世界科技发展的潮流中去，国务院随即便将机电一体化列入"863 计划"。我国根据先进技术水平国家的研究成果及我国的实际科学技术水平制定出符合自己国家机电一体化发展的研究领域及方法。我国为了更好地研究此项技术，将这一研究转成专业供许多高等院校、研究机构、甚至一些大中型企业进行研究。虽然我国的机电一体化技术目前还落后于美国、日本等一些科技先进的国家，但是我国加大了对机电一体化的研究力度及经济扶持，为我国的机电一体化技术创造很好的研究环境，终有一日我国能够达到世界发达水平，并且赶超先进国家的技术水平。

二、过程控制系统基本情况分析

（一）系统内部构造分析

过程控制系统主要包括被控过程（或对象）、用于生产过程参数检测的检测与变送仪表、控制器、执行机构、报警、保护和连锁等其他部件。其中，重点在于传感器。0 级包括现场设备，例如流量和温度传感器以及最终控制元件，例如控制阀。1 级包括工业化输入 / 输出（I/O）模块及其相关的分布式电子处理器。2 级包括监控计算机，其将来自系统上处理器节点的信息整理并提供操作员控制屏幕。3 级是生产控制水平，不直接控制过程，而是关注监控目标。4 级是生产调度水平。

（二）系统使用方式分析

过程控制系统的使用方式比较灵活，既可以通过开环的方式对其加以应用，同时也可以将其用于反馈工作中。在对被控对象进行控制的时候，既可以对离散生产事件进行管控，同时也可以对连续性的事件进行管控，一些需要自动运行的装置上的定时器正是依靠这种过程控制系统被控制的，另外在对建筑电梯加以控制的时候，也可以选用这种系统。当温度传感装置所在的环境的温度比标准设定值低的时候，就可以将热源打开，当温度达到标准值的时候，可以自动地将热源关闭，这种自动控制系统并不会出现过多的测量偏差，可靠程度极高，系统中的逻辑控制器可以对装置需要的数字信息有效读取，并通过模拟输入的方式将信息录入到系统之中，借助逻辑语句就可以将数字输出。以自动控制的闸门为例，如果闸门内部的水位与水箱的位置保持一致，系统就会给出标准的逻辑指令。

三、具体应用情况分析

本文以数控设备与几种常见的传感设备为例，对过程控制系统的具体应用效果进行研究。

（一）数控设备

现代数控技术水平提升速度快，现代生产工作中使用的数控机床与过去应用的数控机床不同，其不仅仅可以实现自动操控，同时机床的结构也获得优化，现代的数控机床有以下几种结构特点，包括紧凑型、模块化以及总线式，生产厂家可以以生产需要为准来选择出合适的数控机床。在设计数控机床时，技术人员会开展开放式的设计工作，将功能模块与硬件系统进行结合式设计，将用户原有的使用效益提升。数控机床不仅可以实现常规的数控控制需要，同时还可以实现模糊控制以及诊断故障等具有智能型特点的功能。模块化的设计可以使数控需求更容易被满足，过程控制系统使控制功能更为丰富，既可以操纵一台机床完成多种任务，还可以同时控制多台机床。多级网络设定可以使机床自动完成更具复杂度的生产任务。

（二）温度传感器

这种常见的温度传感器可以将温度数据的变动转变为其他的数据，通过电压或者表盘的机械式运动来显示温度的变化，温度传感器的绝缘功能极为重要，因此技术人员可以使用玻璃纤维以及塑料来对传感器进行绝缘处理，主要是当温度变动时，会使液体出现蒸发或者膨胀的情况，传感器的加压情况也会直接在压力表之中显示。当多个刚性的金属构件被连接到一个位置之后，通过加热会使金属构件被弯曲，其膨胀概率之间也存在差异。因此被安置在生产线之中的温度传感器的条带部分会被转化为细线圈的形态，可以将一端固定在表盘中，对指针进行移动或者转动，另外还需要将其另一段在底部加以固定。

（三）压力传感器

当燃料通过传感器时，可以机械地触发压力传感器。在其基本形式中，压力传感器显示连接到传感器的拨盘上的读数，但也可以将读数电子传输到 MES 应用程序。活塞压力传感器，来自生产线上的燃料的压力可以推动压缩弹簧的活塞。弹簧的运动可以指示压力。隔膜受到少量压力的影响，并在表盘上显示。Bourdon管当施加压力时被拉直。它可用于测量压力差。流量计是用于测量液体或气体的线性、非线性、质量或体积流量的仪器。当选择生产线的流量计时，需要了解有关流体的信息，运动速度以及如何记录流量。

（四）其他类型的传感器

流量计可以对生产之中的流量变化有效测定，当转子运动活动变得更为频繁之后，其流动速度也会加快。液压传感器在当前的生产系统之中也比较常见，当传感器被施加了一定的应力之后，液体承受的压力会增加，测量的任务就需要借助表盘才能顺利完成。应变设备的形状为圆筒，材质为金属，应用方便，当压缩施加给设备的应力时，就可以对气缸之中不断变化的电阻进行测定。测定数值极为精准，这也是过程控制系统的优势所在。过程控制系统的应用价值还有待进一步挖掘。

在使用过程控制系统之前，技术人员需要先将管控范围以及管控标准确定好，系统可以确保生产过程中的各种被控量被保持在预先给定的范围之中，从其在几种常用的具有机电一体化特点的设备之中的使用情况来观测，可以发现其不仅仅可以将生产出的产品的质量提升，同时也可以增加原有的产量，减少机电生产过程之中的能源损耗量。将新型机电设备与过程控制系统结合使用，可以使机电设备达到更为优质的应用效果，技术人员还需要深入研究过程控制系统，使我国生产的机械产品具有更高的推广价值。

第五节　地质勘探中机电一体化的应用

在机电一体化技术发展中，计算机技术和微电子技术等逐渐被纳入到机电一体化技术中。为了更加深入的明确机电一体化对地质勘探的价值，对地质勘探应用机电一体化的意义加以分析，探讨机电一体化在应用中的技术要点，最终分析该技术在地质勘探中的具体应用。

本文展开对地质勘探中机电一体化的应用与发展研究，其主要目的在于了解当前地质勘探的进展，以及机电一体化技术在地质勘探中的应用情况。机电一体化利用信息技术和微电子技术，实现了对该技术的创新，并充分发挥了其在工程领域中的作用。在矿产资源等开发过程中，均需要首先对地质进行勘探。在地质勘探中，常用的技术为机电一体化技术。本文通过对地质勘探中机电一体化技术的应用意义、技术要点等分析，能够为日后提高机电一体化的应用水平，奠定坚实的基础。

一、地质勘探应用机电一体化的意义分析

（1）促进地质勘探设备多功能化和稳定性。机电一体化在地质勘探中，具有促进地质勘探设备多功能化和稳定性的作用。在促进地质勘探设备多功能方面。机电一体化技术在科学技术的普遍更新下，逐渐采用了计算机和微电子技术，上述两种先进技术的综合性应用，在一定程度上增加了地质勘探设备功能的种类，使地质勘探设备的功能增多，能够利用技术实现对地质实际情况的勘测，明确土质、土壤周围环境等，从而能够为日后地质勘探工作的有序开展，奠定基础。在促进地质勘探设备的稳定性方面。在地质勘探中应用机电一体化技术，可以使地质勘探设备在使用时，更加符合设备的综合使用性能。同时，在新的发展形势下，机电一体化的设备材料也在不断更新，充分提高了地质勘探设备的稳定性，能够在机电一体化技术的支持下，保证地质勘探设备的平稳运行。

（2）提高地质勘探设备工作的精度和可操作性。伴随一带一路战略的不断发展，便使经济呈现崭新的发展趋势，在此战略被提出的情况下，便使经济具有积极的发展前景。"一带一路"建设承载着人们对美好生活的向往，更承载着对地质勘探开发事业的不懈追求。在以"一带一路"为契机的情况下，加强地质勘探资源领域的国际合作，共同分享资源，并进行调查评价，实现资源领域的相互促进和共同发展。机电一体化技术对于地质勘探的意义，也体现为能够提高设备工作的精度与可操作性。在提高地质勘探设备工作的精度性方面。利用微电子技术，机电一体化在应用于地质勘探工作时，能够借助数据信息和摄像技术，实现对地质勘探工作的实时性监控，对地质勘探的各项土质检测工作和环节，在动态性影像监测下，实现对地质勘探内容的了解。当发现地质勘探工作存在误差时，将能够在计算机技术的支持下，及时对地质勘探设备的误差进行调整。从根本上提高了地质勘探设备工作的精度。在提高地质勘探设备的可操作性方面。在以往传统的地质勘探设备中，其常用的设备多为机械性的传动和控制装置，可操作性程度较低。机电一体化技术应用到地质勘探设备中后，包括集成电路和微处理器也得到了广泛的应用，不仅减小了设备的体积，也充分改善了设备的自动化水平，提高了可操作性。

二、机电一体化在地质勘探中的应用技术要点

（1）机械与系统整体技术。将机电一体化技术应用于地质勘探中，明确其中技术要点是十分重要的。机电一体化技术中的机械技术，是其能否发挥有效功能和作用的重要基础。在地质勘探中应用机电一体化技术时，必须要加强对机械技术的检查。明确机械技术是否能够与机电一体化技术有效结合。依据机械技术的实际情况，优化地质勘探的系统结构，对地质勘探系统化结构的稳定性与性能加以调整。通过减小地质勘探系统的体积，充分改善地质勘探系统运行的质量。在系统整体技术方面，系统整体技术是在机电一体化技术运

行的前提下，从技术的系统整体性出发，利用系统性观点，对地质勘探内容的整体加以分析，根据系统各组织的功能加以调整，充分实现对地质勘探系统结构的优化，以此实现对系统整体功能的发挥。

（2）信息处理与自动控制技术。信息处理技术在机电一体化技术中，是重要技术之一。利用信息处理技术，能够将机电一体化技术在地质勘探中采集的相关信息和数据，进行快速的传递与合理的计算。

依据计算的结果，对机电一体化系统的整体运行情况加以掌握，并输出相应的运行指令，保证机电一体化系统能够在地质勘探工作中正常运行。此外，机电一体化设备是否运行，是直接受控于系统命令的，在机电一体化设备运行时，信息处理技术对于信息的准确性、及时性处理，是尤为必要的。自动控制技术在应用期间，是对机电一体化系统设备各个部分进行控制的技术。此种技术能够使各部分系统有序的运行，利用最优控制、运行速度控制等，对机电一体化系统设备进行整体性控制，并依据对设备系统的综合性控制，及时掌握系统运行中存在的问题，及时提出解决方案。在对产品升级理念进行不断研究的情况下，发现其在不同的发展阶段中具有不同的发展特点。起初，对产品实行创新型升级，在对潜在需求进行了解的情况下，使产品的品质创新与外在包装具有较大程度的联系。其次，在对跟进型产品进行不断了解的情况下，使其对市场进行精确的分析，并使其成为一名跟随者的角色。进而使产品获得较大程度的生机，使机电一体化在地质勘探中具有积极的影响。

（3）机电一体化在地质勘探中的具体应用研究。机电一体化技术逐渐被广泛应用到地质勘探中，并取得了显著的成就。在地质勘探中比较常用的机电一体化设备，通常为全液压岩心钻机和瞬变电磁仪。全液压岩心钻机设备的结构相对紧凑，属于全液压驱动。在使用中，不仅能够提高设备在地质勘探中的灵活性，也具有较多的功能。在动力系统中，通过利用系统性的油缸链条，比较有效地满足了设备在运行期间所需要的动力，双马达驱动的主轴，也为地质勘探设备在实际应用中的运行，提供了比较大的高转速动力。同时，针对不同地区的地质勘探工作特点，全液压岩心钻机也能够利用桅杆前端的设置夹，降低地质勘探工作人员的工作量和工作强度。通常情况下，全液压岩心钻机在地质勘探中使用的范围较广，包括丘陵、平原和山区等多个区域。瞬变电磁仪在地质勘探工作中的应用，也较为广泛。根据对瞬变电磁仪的分析，发现其工作原理与电磁法和电法相类似。瞬变电磁仪在地质勘探中，普遍应用于勘探、地热能勘探、矿产资源勘探等。新型的瞬变电磁仪在地质勘探中，其性能明显提高。在新型瞬变电磁仪使用中，硬件与软件有效结合，可以充分降低瞬变电磁仪工作中产生的噪音，不仅降低了瞬变电磁仪的能耗，提高了其功能性，同时也能够充分提高地质勘探的工作质量。

在信息网络化时代下，科学技术得到普遍的更新。我国能源开发地质勘探工程，借助机电一体化技术得到了快速的发展。利用机电一体化技术，能够有效掌握所要开发能源地区的地址情况，根据地质的实际状况，决定是否在该区域开发能源，或是如何开发能源。

机电一体化技术在地质勘探的作用显著，对于我国能源的可持续发展，也有重要的意义。本文在研究中主要从机械技术、系统整体技术、信息处理技术和自动控制技术等方面，重点分析机电一体化技术在地质勘探中的要点。期望通过本文关于地质勘探和机电一体化相关内容的探讨，可以为日后促进机电一体化的发展，提供宝贵的建议。

第六节　基于金属矿机械视域下机电一体化中的应用

金属矿机械正处在一个向机电一体化方向发展的时代，近来，随着国家对金属矿安全生产的重视，金属矿设备投入的不断增加，金属矿机械也处在一个更新换代的时期。

随着科学技术的不断发展，对金属矿机械的性能要求也在不断提高，电子（微电脑）控制装置在金属矿机械上的应用将更加广泛，结构将更加复杂，维护也将更加专业化。为帮助金属矿机械使用人员、维修人员、管理人员对金属矿机械中的电气与电子控制装置的功能、类别及特性有一些初步的了解和掌握，下面我就这些做一下介绍与浅述。

金属矿生产中，金属矿机械的性能自动化程度及其经济性等可以说直接影响到生产，也直接影响到金属矿供电、排水、通风、提升等的安全运行。而金属矿机械电气与电子控制系统部分质量的好坏与性能的优劣又直接影响到机械的动力性、经济性、可靠性，从而影响施工质量、生产效率及使用寿命等。电子（微电脑）控制系统已成为金属矿现代机械不可缺少的组成部分，同时也是评价金属矿现代机械技术水平的一个重要依据。随着科学技术的不断发展，以及对金属矿机电产品性能要求不断提高，电子（微电脑）控制系统在金属矿机械中所占的比重越来越大，其功能将会越来越强，应用范围也将越来越广，而其复杂程度也随之提高，这样就对使用与维修维护这些设备的金属矿工作人员提出了更高的要求，对金属矿职工的培训工作和对金属矿设备的管理工作也显得尤为重要。

一、在线监控、自动报警及故障自诊

即对金属矿机械的电动机、传动系统、工作装置、制动系统和液压系统等的在线运行状态监控，出现故障能自动报警并准确地指出故障的部位，从而改善操作员的工作条件，提高机器的工作效率，简化设备维护检查工作，降低使用维修费用，缩短停机维修时间，延长设备的使用寿命。如采金属机上变频器就采用 PLC 控制，可实现多种在线监控和故障自诊，还有金属矿用各种电器设备也越来越智能化。

二、节能降耗，提高生产效率

例如井下使用的胶带输送机、通风机、提升机等，使用变频起动、PLC 控制系统，节电量就为 30% 左右，同时生产效率也大大提高了。

三、自动化或半自动化程度的提高

金属矿机械实现自动化或半自动化控制，可以减轻操作者的劳动强度，提高生产效率，并减少因操作者的经验不足，对作业精度的影响。例如，冀中能源黄沙矿 2009 年投入使用的一整套薄金属综采设备，由我国北京天地玛珂电液控制系统有限公司与德国 MARCO 公司合作生产的 PM31 型液压支架电液控制系统，就是微电脑控制，只要在支架操作控制器上输入程序，支架便会自动连续动作，也可实现远程控制和工作面无人操作。

四、其他应用

一些国外生产的输送机、采金属机、综掘机等采用了电子（微电脑）控制的自动变速器，能够根据外负荷的变化情况自动改变传动系的传动比，从而改变功率，这不仅充分利用了电动机功率，大大提高了能耗经济性，而且也简化了操作，降低了劳动强度，提高了设备的安全性能，提高作业人员操作的安全性。目前我国在综合机械化采金属机上采用电子（微电脑）控制，可实现无人操作，使机械能在危险地带或人无法接近的地点进行作业，也配备了无线遥控装置，可远程遥控也可微电脑编程控制。电子（微电脑）系统的可靠性是金属矿机械非常重要的一项性能指标。由于金属矿机械一般井下作业，其直接受到潮气、金属尘、通风、石块、地质变化等的侵袭，此外还受到采金属振动和冲击以及各种电、磁等的干扰，工作环境非常恶劣，因此电子（微电脑）控制系统必须满足井下性能环境要求，能在井下环境温度下可靠、稳定地工作；抗压强度高、抗老化，具有较长的使用寿命；密封性能好，能防止水分和污物的侵入；较好耐冲击和抗震性能；较强的抗干扰能力，系统能在各种干扰下可靠地工作。

为适应金属矿机械对性能的要求，仅仅依靠机械和液压技术已显得力不从心。电子（微电脑）控制技术的发展就成了金属矿机械的必要选择。机电一体化是一项新兴的技术，将其引入到金属矿机械中，必将会给金属矿机械带来新的技术变革，使其各种性能有了质的飞跃。

机电一体化又称机械电子工程学，是一门跨学科的综合性高技术，是由微电子技术、计算机技术、信息技术、自动控制技术、机械技术、液压技术以及其他技术相互融合而成的一门独立的交叉学科。机电一体化技术从 20 世纪 70 年代中期开始在国外机械上得到应用。80 年代以微电子技术为核心的高新技术的兴起，推动了机械制造技术的迅速发展，特别是随着微型计算机及微处理技术、传感与检测技术、信息处理技术等的发展及其在机械上的应用，极大促进了金属矿机电产品的性能，使金属矿机械进入了一个飞跃的发展时期。以微电脑或微处理器为核心的电子控制系统在国外机械上的应用已相当普及，在我国也是发展的方向，已成为机械高性能的体现。

第七节　数字传感器技术在机电一体化中的应用

现阶段，对于机电一体化技术的应用发展速度非常快，技术内容也越来越成熟，对传感器技术的实际应用也不断扩大，这是机电一体化应用的主要构成部分。本文首先对传感器的分类进行阐述，然后对其在机电一体化中的应用进行探讨，最后着重介绍数字传感器的应用。

一、传感器的分类

传感器应用主要就是在信息感知技术应用基础上建立，采用信息感知技术的有效应用，将传感器的应用效果体现出来，因为传感器在实际的应用当中，其自身的技术感知有着不同，需要对实际的传感器种类进行明确，这样才能够在对传感器技术的应用当中，根据传感器技术种类进行相应技术应用要点的对应。通常，传感器设计需要按照不同的设计要求和设计技术应用，所产生传感器技术应用方式也不同。具体的分类主要有以下几点：

首先，根据传感器能量转化原则，其主要分为能量转化和能量控制传感器，在实际的应用中，主要采用对能量转化实现控制，以此确保能量转化控制当中的相关技术合理应用；第二，根据所测的参量进行制造区分的设计，对于其主要可以分为三种，主要有物性参量、机械量参量以及热工参量控制三种；第三，根据传感器生产材料的不同，对于其主要可以分为晶体结构和物理结构。在实际的应用当中，主要是根据其应用当中不同的技术来选择，在对技术应用控制分析当中，需要能够根据技术应用要求对相应的技术要点进行选择，采用对技术要点的优化，将技术应用能力提升。

二、机电一体化系统中传感器技术的应用分析

（一）传感器技术在工业机器人中的应用分析

在当前复杂的环境当中对工业机器人的作用有效的体现出来，在工业自动化生产当中，工业机器人是非常重要的技术之一。在工业机器人当中应用传感器技术可以将工业生产的灵活性提升，同时对于机器人的适应能力能够很好地提升。在工业机器人当中对传感器技术的具体应用主要表现在：第一，机器人的视觉传感器应用，这主要就是给机器人进行相应视觉系统的增设，采用传感器技术对机械零部件进行识别，对零件的具体位置准确辨别；对机器人进行视觉装置的安装，可以使得机器人在对一些危险材料运输和道路情况以及导

航工作中能够有效很好的支撑；第二，机器人自身的触觉传感器，可以起到对机械手进行触摸的作用，采用视觉和触觉传感器，可以对一些详细的参数进行明确，以此来对工业生产的准确性提升。

（二）传感器技术在数控机床中的应用

在当前的机械制造生产当中，最为主要的就是数控机床技术，其和当前的机械制造生产自动化设备有着直接的联系，在装备制造行业的发展中有着很好的应用。数控机床当中对传感器技术有着很好的应用，可以对一些数控机床来对相关的参数进行自动化测量。第一，传感器主要在数控机床温度检测中应用，在对工件加工当中，往往会产生一定的热量，由于每一个部位的热量分布不是很均匀，相应的热量差会对数控机床有着很大的影响，并且还会对工件加工准确性产生影响。第二，在机床压力检测当中对于传感器技术的有效应用，这主要就是应对一些工件夹紧力信号的检测，并且可以对控制系统进行相应预警信号的传输，从而将走道降低。除此之外，传感器技术还可以对机床的切削力变化状态实现感应。

（三）传感器技术在汽车控制系统中的应用

汽车的制造以及正常行驶是人们所重视的主要内容，在汽车的控制系统当中将传感器技术进行应用，以此使得汽车实现自动化变速以及自动制动抱死，从而将汽车性能提升。对于新型的传感器技术的合理应用，可以将汽车性能改善，将汽车的油耗量以及尾气排放降低，从而为人们带来人性的服务。

Σ - $\triangle$型莱姆开环数字输出电流传感器。

Σ - $\triangle$型 A/D 转换器基于过采样 Σ - $\triangle$ 调制和数字滤波，利用比奈奎斯特采样频率大得多的采样频率得到一系列粗糙量化数据，并由后续的数字抽取器计算出模拟信号所对应的低采样频率的高分辨率数字信号。其表现出的优点是元件匹配精度要求低，电路组成以数字电路为主，能有效的用速度换取分辨率，无须微调工艺就可获得较高位数的分辨率，制作成本低，适合于标准 CMOS 单片集成技术。

设备需要使用一个数字滤波器来处理比特流。其优点是接口简单，而且设备可以选择和定义滤波器，以便输出格式适用具体的应用和匹配系统的需求。

对一个给定的比特流，用户可以采用几个不同的滤波器。例如：为实现"电流环"功能：如果采用 sinc3 滤波器、512 的过采样率 (OSR)，则可得到有效分辨率为 12 位，带宽为 5.5kHz 的信号。同样的，为实现"超限检测"功能，如果采用 sinc2 滤波器、16 的 OSR，对应相同的比特流则可得到分辨率为 6 位，5.5μs 响应时间的信号。另外，为了提高设备的安全性，HO 系列传感器还具有过流检测 (OCD) 功能，它可以在 A/D 变换器前级检测过流信号，并给出相应的输出值，使系统快速启动保护电路，得到保护目的。OCD 的响应时间为 2us。

总而言之，随着当前科学技术的不断发展，机电一体化的发展也非常快，逐渐融入我们的生活和生产当中。传感器技术作为机电一体化的主要技术，有着很好的应用，我们相信，在未来的传感器技术发展中，其会逐渐朝向更好的方向发展，并且为人们的工作和生活带来更多的帮助。

第八节　机电一体化技术在电力行业中的应用

随着我国机电一体化专业的不断提高，已经应用在了很多的领域。在我国的电力系统中，机电设备的逐渐增加，也给机电一体化和电力系统的结合带来了新的契机。本文主要叙述一下机电一体化在电力系统中的主要作用和实际应用。

随着我国电力系统的不断发展，已经基本解决了用电困难的问题，接下来就是如何有效的调节电力资源和使用电力设备，提高电力资源的使用效率。而机电一体化技术在电力系统中就得到了广泛的应用，提高了电力系统的运行稳定性和安全性。

随着信息技术的快速发展，电力系统的设备得到了很大提高。电力系统未来的发展将会是智能化和全自动化的模式，推动这一发展的主要技术就是机电一体化。机电一体化就是通过不断提高电力系统中各个设备的运营性能和使用可靠性，通过个别零配件性能的升级改造，从而达到提升电力设备整体的性能，提高电力系统的运行效率。

我国电力系统的发展虽然比较快，但是突出的问题也不少。由于我国地域广袤，电力资源分布不是很均衡，为了尽可能调动电力资源，国家电网部门耗费了巨额的资金，来调控我国电力资源，使电力资源能够得到有效的利用。在电力系统中还有一个突出的问题，就是电力设备的分布不均衡，主要体现在城市和农村之间，由于城市的人口比较集中，用电区域也比较集中，在电力建设时投入了很多的先进设备。相反的农村居民的集中性不强，居住的区域比较分散，在电力系统建设的过程中，没有使用较为先进电力设备，导致了农村用电效率的低下。在机电设备的不断帮助下，相信我国的电力系统将会发展得更好。

一、机电一体化建设在电力系统的作用分析

（一）电气设备的建设

在电力系统中机电设备随处可见，在电力系统中最主要的电力设备就是发电机、变压器、输电设备等，机电一体化的作用就是将所有的设备进行整体性能的提高和维修，这样比单个提升一个电力设备的作用要好得多。在发电机将其他的资源转换为电力的时候，需要机电设备的帮助。然后将发电机发出的电力输送到变压器中，在变压器的调控后，可以将电力资源转化为超高压的电力资源，在通过输电设备将电力资源输送到各个需要电力的区域。在整个电力转化的过程中，机电设备成为重要的角色，没有性能优秀的机电设备的

帮助，根本就不能保障电力系统的运营安全。同时机电设备性能的提高，也推动着电力系统的稳步发展。

（二）机电一体化在电力中的主导作用

1. 建立稳定的电力传输系统

电力系统是一个复杂的国家性工程，在电力系统的运营过程中会受到很多不确定因素的影响。电力系统在运行过程中要涉及能源的转化、电力的储存、电压的转化、电力的输送、电力的减压、电力向用电器、等等，这些都是在电力系统运行过程中的主要工作程序。电力系统的运行还离不开基本的维修保障，在电力保障的工作中包括电力设备的检修、电网的修复、电力故障的判断、等等，每一个环节都关系到了电力系统的运行安全。

机电设备在电力系统中应用，就可以有效提高电力系统中各个设备的使用安全性，通过提高机电设备的性能，从而保证电力系统各个设备的使用性能，从而建立起稳定可靠的电力传输系统。

2. 自动化监控系统

由于电力系统的不断发展，越来越多的自动化设备和智能设备应用在电力系统中，为电力系统的运营节省了很大的一笔资金。在电力系统中应用的机电设备也同样可以达到自动化监控的目的，通过引进机电设备，不仅可以实时的对电力系统中的安全进行监控，同时在运营过程中出现任何的故障，机电设备都可以第一时间为人们做出报警，并自动查找出出现故障的实际位置。通过机电设备的使用在电力检修、运营监控的工作中可以节省出很大的一笔人力支出，还提高了故障维修的工作效率。

3. 提高了电力系统的自动化供电管理

随着电力自动化管理的不断推广，很多的用电区域已经实现了电力自动化管理的模式。通过机电设备的不断建设，我们可以不断完善电力自动管理模式的运营漏洞。在今后的电力系统运行系统中，将采取全自动人工智能的运行方式，在电力的调控，设备的安全检修、故障点的报警、电费的收取、电网的维护，都将采取自动化的管理模式，不仅极大提高了电力系统的运行效率，也节省了对电力运营的资金投入。

在机电设备的支持下，工作人员可以做到足不出户，就可以通过计算机对电力系统运行的实时情况有一个全面的掌握，不仅可以监控到区域的用电高峰和低谷，还可以对电力输送过程中是否出现电力损耗的情况，对变压器进行检测看是否有局部单位放电的情况出现，这样一个人就可以完成十几个人的工作，提高了电力自动化管理的运行效率，也提高了电力系统的运营效率。

二、机电一体化在电力系统应用的实际效果

（一）整体应用水平的提高

机电一体化主要是电力系统中的主要核心设备，每一项设备的性能提高都预示着电力运营系统性能的整体提升。通过机电设备替换的电力自动化管理系统，可以有效降低电力调控中出现的错误率，提高电力管理的工作效率。还有就是利用机电设备可以稳定变压器的输出电压，这样就可以有效避免变压器的损失。通过每一个机电设备在性能方面的提高，从而将电力系统中设备的应用水平得到整体的提高。

（二）电力系统中的技术应用

在电力系统中引进先进的机电设备和相关的技术，可以有效改善电力系统运营过程中出现的电力分配不均衡的情况。机电设备通过计算机电脑端的快速计算，我们就可以得到一分详细的数据报告，在那一片区域需要多少的电力供应，在机电设备自动调节的过程中，就解决了电力分配不均衡的情况。还有就是电力系统运营系统中安全监督的工作，过去是由人工进行巡视，不仅耗时耗力，并且工作效率不高，随着机电设备的引进，就可以实现自动化监控的工作模式。

综上所述，在我国电力系统的运行过程中机电设备发挥着重要的作用，不仅在电力资源利用率的方面有很大的提高，并且机电一体化的技术在电力系统中的应用，也实现了全自动化的电力管理和电力运营系统的自动监控。

第九节　电工新技术在机电一体化中的应用

近年来，随着科技的发展和进步，各个领域都受到了一定的影响，给人们的生活带来了全新的体验和经历，进一步促进了社会的进步和发展。当然，电工技术也在发展和进步，电工新技术的出现和发展对电工技术提出了新的要求和挑战，其在机电一体化系统中的应用更是引起了各个相关领域的关注，它的每一次创造和突破都能引起全球范围内的瞩目和热议。本文主要针对电工新技术在机电一体化系统中的具体引用做详细的探讨，为电工新技术的发展提供借鉴。

电工新技术是在电工技术的基础上发展起来的新型的电工技术。目前在市场上具有广阔的应用前景。尤其是它在机电一体化系统中的应用更是促进产生了一系列不同种类的机电一体化新产品，为机电一体化行业的进步提供了巨大的驱动力。另外，电工新技术在机电一体化系统中的应用不仅能够改善产品生产的环境，提升产品生产的工作效率，还能够

有效地降低能源的消耗，实现产品生产节能环保的目标。下面笔者将针对各个新技术探讨它在机电一体化系统的应用。

一、电工新技术概述、作用和发展趋势

（一）电工新技术的概述和作用

电工新技术是在传统的电工技术的基础上不断地发展和进步，结合新时代背景下的各种新能源、新材料、新工艺，结合正确的理论、知识于一体的电工技术。其运用自身的特点创造出了很多以方便日常生活为目的的新产品，给人们的生活带来了很多便利，解放了社会生产力，促进了国民经济的不断增长和发展，是 21 世纪最有生命力和活力的技术之一。

（二）电工新技术未来的发展趋势

电工新技术是一种新型的电工技术。不仅吸收了传统电工技术的生物电磁学理论、电磁流体力学理论等物理理论，还融会贯通了电磁诊断、放电应用和磁流体发电等技术，更是在 21 世纪的今天，借鉴网络科技、生物科技、纳米科技等各个领域的先进力量，把握机遇，迎接挑战，不断地发展与完善，将电工技术带向一个新的高度。

二、电工新技术在机电一体化中的具体应用

在目前的生产实践中，电工新技术得到了广泛的实践和应用，在机电一体化系统中更是有不俗的表现，给机电一体化系统注入了生机和活力。比如在生产中经常见到的运动控制卡、自动监控和触摸屏等技术。

（一）自动控制技术

自动控制技术是电工新技术的一个重要的应用。自动控制技术是 20 世纪到 21 世纪最重要的科技技术之一。它广泛应用于一些机器人技术、航天工程、军事技术、综合管理技术等高科技领域。自动控制技术是以自动控制系统为研究对象，将其放置于机电一体化系统内部进行应用，在完成一些人不可为的、精度等级高的任务过程中测量各种机电装置的运行状况和信息状况，通过对数据的分析精确推断出设备的偏差，并及时采取相应的措施解决问题，将设备偏差出现的概率降到最低。这一技术的应用大大降低了机电一体化装置的出错率，提高机电一体化装置的精准度、稳定性和快速性等。另外，随着科技的进步，人们对机电一体化装置的精确度和可靠度有了新的要求，机电一体化产品的内部控制系统也有新的挑战和突破。从传统的使用积分或比例控制器到现在的全闭环数字式伺服系统，自动控制技术不断进步、成熟，使自动控制技术在机电一体化中的地位和作用不断提高，在满足机电一体化系统要求的前提下，不断提升了装置的控制精度，为机电一体化自动控

制和调节目标的实现打下了良好的基础，做好了技术层面的准备。

（二）PC 应用

PC 实际上是一种可以进行编程的控制器，主要针对工业的控制设备。它既能够进行计算机的控制功能，也能进行通信，在生产中的自动控制环节得到了广泛的应用。目前，PC 功能在传统功能的基础上又得到了扩展，随着集成电路的发展，PC 在对生产过程进行控制，通信的基础上增添了自动化控制和计算机科技等功能，在自动化控制中的应用也不断提升。另外，PC 在使用使对环境的要求不高，体积较小，易于与其他的装置进行连接，可以通过改变编程的内容改变 PC 的功能，而且有较高的可靠性，适用性范围广。与传统的 PC 系统相比，新型的 PC 能够实时进行控制，也可以根据用户需要进行随意修改，十分便利。

（三）运动控制卡的具体应用

运动控制卡是一种基于 PC 机及工业 PC 机，用于各种运动控制场合（包括位移、速度、加速度等）的上位控制单元，能够进行脉冲输出、脉冲计数、数字输入、数字输出、D/A 输出等功能。运动控制卡能够满足新型数控系统的标准化、柔性、开放性等要求，运动控制卡到使用可以充分发挥 PC 机的作用，应用运动控制器可以使工业设备、国防装备、智能医疗装置等设备的自动化控制系统更加的完善和可靠。可见，运动控制卡在运动控制场合应用的重要性。

总而言之，电工新技术在机电一体化系统中发挥了重要的作用。对机电一体化行业的发展和进步以及机电一体化产品的广泛应用做出了重要的贡献。电工新技术具有各自独特的作用和特点，为机电一体化提供了很多有利的条件，不断的提升机电一体化装置的安全性、可靠性、精确性和稳定性。可见，电工新技术在机电一体化系统中的重要性。为此，机电一体化行业的相关人员一定要明确电工新技术的重要性，不断的突破和挑战，对其进行改造和完善，切实发挥出电工新技术的作用，促进整个行业的发展和进步。

第十节　机电一体化对现代工程施工的影响及应用

如今在各个工程领域，机电一体化技术被广泛运用，本文重点分析机电一体化技术在建筑工程领域的运用，首先阐述了其影响，随后分析了具体应用过程，通过简明分析，旨在进一步提高认识，以助力机电一体化技术更好地在现代工程施工中的运用，提高工程施工质量的同时，也进一步落实安全生产，为现代化建筑施工提供科学保证。

在建筑工程中，机电一体化技术运用十分常见，尤其一些机械设备中，采用了机电一体化技术，实现了工作的高效性，同时也提高了设备的稳定性。机电一体化对于施工来说，具有一定的现实作用，所以相关研究人员，要充分结合具体建筑施工实际，从具体实践入手，积极有效总结机电一体化技术的合理采用，以此不断创新发展，助力工程顺利开展，保证其实际的应用价值，具体分析如下：

一、机电一体化在工程施工中的影响

（1）在施工过程中对机电一体化技术的应用提高了施工工艺。随着经济的发展，人们的生活水平有了显著的提高。对现代建筑的要求也有了提高，不再仅仅满足于过去御寒的基本要求，而是在此基础上，更加注重房屋建筑的环保性能、舒适性、采光性等多方面的高品质要求，机电一体化技术的应用就能够满足人们对房屋建筑的高品质要求。由于机电一体化操作起来在很大程度上符合人们的思维方式，建造出的建筑物也比较美观。

（2）提高工程的准确度和速度。由于机电一体化综合了各方面的工程技术，并实现机械自动化，其在施工过程中的应用有效地提高了施工的效率，节省了施工时间，缩短了工期，减少了因为延误工期而赔偿的费用；运用了机电一体化的设备操作起来更加灵活，施工单位不用花费时间和成本去培养专门的设备操作人员；机电一体化的运用让机械设备的操作结果更加精准，减少了与设计图纸之间的误差，提高了工程的质量。

（3）机电一体化技术大都实现了自动化或者半自动化，加上其中计算机技术的应用，机械设备在施工现场的监测过程中，如果发现施工人员或者施工技术出现了问题，能够启动自动报警功能，这样一来，能够有效减少施工人员的危险和减少施工过程中的质量问题。

（4）机电一体化之所以能够提高工程的施工效率是因为在使用了机电一体化技术后，减少了对施工材料、能源的损耗，加上其操作技术快，二者都促进了机电一体化高效率的性质。机电一体化能够减少施工过程中施工材料的损耗，既节约了成本也保护了环境。同时随着机电一体化技术的发展，新型环保型建筑材料也得到了发展，被广泛应用于工程中，减少了对环境的污染，实现了经济的可持续性发展。

二、建筑施工中常使用到的机电一体化技术

（一）直流与交流接地应用

直流与交流的工作接地在建筑中应用要实现自动一体化，直流电的接地主要考虑到建筑中的大型设备，要求具有稳定的电流和准确度高的数据，以便满足信息的大量传输，保证能量的转换。而交流电的接地主要是将变压器中性点或者是中性线进行接地，在此需要注意不能造成与其他接地系统的混接。直流与交流接地需要充分的运用电气自动一体化系统，保证建筑应用中的安全性和质量。

（二）电气接地的应用

在建筑供配电的设计中，接地系统具有重要的作用，它关系到整个供电系统的安全性和可靠性，近几年来，随着技术的进步，电气自动一体化技术逐渐应用在建筑中，目前的电气接地主要有两种方式，即 TN-S 系统和 TN-C-S 系统，这两种系统在电气接地中被广泛应用，对于建筑接地工程的进行具有重要的意义。

（三）安全保护接地应用

在建筑中，有很多弱电设备、强电设备以及非带电导电设备的存在，这就需要在建筑施工中需要有安全保障措施，否则当设备的绝缘体出现故障时就会导致安全隐患的发生。因此在建筑中必须采用安全保护接地设施，运用电气自动一体化技术，将电气设备中不带电的技术部分和接地体之间用金属进行链接，同时将保护地线和建筑中的电气设备进行链接，并进行智能的监控，充分利用安全保护接地技术，将电气自动一体化具体应用在建筑中，保障建筑的安全。

（四）防雷接地的应用

建筑中有大量的电力设备和复杂的线路分布，例如自动报警装置、通信设备系统以及火警预警系统，这些系统都会有各自的线路分布，他们的线路一般都是耐压等级低的线路，当遭遇雷击时很可能会发生安全事故，这就需要在建筑中运用电气自动一体化系统进行防雷接地设置，并充分运用这一系统实现监督控制，建立起建筑严密和完整的防雷系统结构。

（五）屏蔽接地与防静电接地应用

建筑中大部分都需要安装防电磁干扰的程序设备，这就需要采用屏蔽系统或者运用正确的接地手段防止电磁干扰。利用电气自动一体化技术，将屏蔽设备外壳与保护接地进行链接，并实现全程的自动化设置和监控管理，保证整个环节都能够实现自能和安全的保障。除此之外，还需要对建筑内进行防静电工作，利用自动化系统完成静电清除。

三、机电一体化在建筑中的应用

（一）在建筑材料中的应用

当前我国对一切施工建设的要求规格在不断地提高，而且对建筑材料的生产的要求更是严格，所以这就意味着，对施工单位的选择首先就是要考虑机电一体化的技术标准，因为，机电一体化的技术是一项综合性很强的技术，它的高质量、多功能等特点都对建筑材料的生产有着非常重要的作用。除此之外，材料的级配控制对目前建筑质量影响非常重要，如果级配控制出现错误则必然会使得建筑工程的使用寿命降低，并且还会存在严重的安全隐患，机电一体化技术可以帮助完成级配的完美控制，使得其误差能够降到最小。

（二）监控作用

对于工程机械而言，机电一体化技术的应用将设备系统的全程、动态电子监控变成现实，一旦出现运行故障将会立即发出警报，以此来警示工作人员。有些更加进步的机电一体化可自发清除系统故障，及时修复，保证工程机械的正常运转，进而降低机械故障对正常生产的影响，同时避免了人们居住的建筑物存在的安全隐患。

（三）节能作用

在原有的工程机械工作过程中，为保证机械的正常运转，需要消耗庞大的能源，这主要是因为工程机械大部分情况超载运行或者根本没有达到额定功率，做了许多无用功。而机电一体化的应用可较好地改善这一问题，它能适当调节施工功率，具有节能作用，节省了较多的资源。

总之，在建筑工程施工过程中，机电一体化的采用具有积极作用，不仅影响施工进度，还提高了施工的质量，具体来讲，其改变了机械面貌与性能，提高了施工设备的运行效率，这对于现代工程的高效开展有着必要作用。因此，在机电一体化技术广泛运用的今天，需要更多的技术人员，不断提高管理能力，重视技术创新，以此更有效的总结工作经验，使机电一体化技术更有效地推动建筑工程施工建设与发展。

第十一节　机电一体化技术在汽车设计中的应用

现阶段，随着汽车设计的不断优化，汽车的性能也在不断提升，机电一体化技术作为汽车设计中运用比较普遍的技术之一，对于提升汽车性能，优化汽车设计等都具有重要作用。本文分析了汽车设计中的机电一体化技术应用意义，分析目前机电一体化技术在汽车设计中应用的不足，并探究有效应用机电一体化技术优化汽车设计，推动汽车智能化发展的有效路径。

一、汽车设计中的机电一体化技术应用意义

就目前机电一体化技术在汽车设计中的应用实践来看，机电一体化技术在汽车设计领域的应用主要包括传感器技术、伺服系统技术、自动控制系统技术、精密机械技术、检测技术、信息处理技术等众多领域。在汽车设计中有效的应用机电一体化技术，能够有效完善汽车各部位的设计，完善汽车的功能，实现汽车动力系统灵活性的调节和技术的不断改

进，还能够有效地减少设计的不合理造成的汽车损耗，延迟汽车使用年限，推动现代汽车不断走向智能化发展方向。可见，机电一体化技术在汽车设计中的应用具有重要意义。

二、目前机电一体化技术在汽车设计应用中存在的问题

（一）机电一体化技术设备老旧

就汽车制造业来说，我国在汽车制造领域应用机电一体化技术的经验不足，起步较晚，技术的应用发展还不够成熟。在汽车制造生产中，企业对于机电一体化技术设备对于信用和操作往往缺乏规范和要求，造成机电一体化技术应用不科学，使用效率低，效果差等问题出现，加上很多汽车制造商在机电一体化技术应用中往往存在设备更新慢，设备老旧的现象比较普遍，导致最新的机电一体化技术不能及时应用普及，不利于生产工艺和生产效率的提升。

（二）汽车设计理念落后

在进行汽车设计的过程中，一些汽车制造商将更多的关注点放在汽车的品牌和外观创新上，模仿一些大牌汽车的造型，在设计中突出个性化，但是对于汽车真正的使用性能设计优化上所做的努力严重不足。汽车设计中忽视机电一体化技术的应用，没有探索将机电一体化技术应用到更多的汽车设计环节中，导致机电一体化技术在汽车设计中的应用有限，没有真正发挥机电一体化技术带来的积极作用。

（三）汽车设计技术人员自身水平不足

在汽车设计中，整体的设计队伍对于机电一体化技术的了解和应用程度有限，他们了解的机电一体化技术更多的是在现有的机电一体化设备基础上的，对于一些正在开发研究中的汽车机电一体化技术他们很少了解，有的根本不关心，整体设计人员的机电一体化认识度低，应用水平自然也很难提升。

三、将机电一体化技术有效应用于汽车设计的途径

（一）强化机电一体化技术设计理念，提升思想认识

现阶段，人们对于汽车消费的要求正在不断提高，汽车成为人们追求个性、彰显身份的一种工具，而在大部分消费者心中，更关注的仍然是汽车的性能和使用的体验，因此汽车设计中要强化机电一体化技术概念，提升设计人员对于机电一体化技术的认识。企业要注重抓思路创新促队伍素质提升。专门成立机电一体化人才培养小组，对具有潜质的对象开展"一对一"培养，为人才队伍建设夯实根基。聚焦机电一体化人才建设新动向，着力

培养机电设计综合型人才，以"电学机、机学电"的多方向创新培养模式代替"机是机、电是电"的传统路径，促进队伍综合素质提升。抓教育培训促设计队伍能力提高，组织人员集中学习电器和机械相关可视化教材、一点课、维修手册等课件，在学习中引导人员了解掌握设备原理和设计知识，做到相关知识内化于心。启动开展"机与电"人员座谈交流活动，引导员工通过 QQ、微信、展板等方式交流经验、畅聊技巧。督促人员考取相关的特种作业证和职业技能等级证书，引导维修人员精准掌握"电会机、机会电"的设计和技能。还要注重抓体系完善促队伍管理规范。以人才队伍建设为指导，通过制定管理制度、撰写培养教案、培训知识考评方案等，健全汽车设计人员管理体系，完善人员培训管理办法，推动汽车设计综合型人才建设。

（二）注重新技术设计应用

现阶段，汽车制造正在不断走向智能化、自动化，越来越多的机电一体化技术创新带来了汽车设计领域的革新。作为汽车设计人员，要善于把握市场的这种技术发展动向，积极把握机电一体化技术市场的变化趋势，掌握最新的汽车机电一体化技术设计成果，在现有的企业机电一体化设计基础上，不断探索新的技术应用路径，分析将创新的机电一体化技术应用于汽车设计的有效路径，在可行性基础上，运用机电一体化技术，提升设计的技术含量和水平。目前，麦格纳正在利用机电一体化研发电动举升门，在业内首次把这项广受欢迎的便捷功能应用在道奇凯领厢式旅行车。现在，他们提供升级后的尾门技术，包括基于传感器检测用户行为从而开关尾门的系统。凭借机电一体化，这种技术应用具有得天独厚的优势，足以应对诸如车辆电动化、轻量化、汽车安全等挑战，通过智能产品帮助实现自动驾驶。麦格纳的工程师携手进行机械与电子系统互通的合作，在研发新的车门技术时，就已经在考虑手势识别和生物鉴别扫描。他们的工作可能会改变未来驾乘者上下车的方式。机电一体化为创新技术开发提供助力。这一切都旨在将炫酷的技术运用到汽车上，从而使生活更便捷、更舒适。

机电一体化技术在汽车设计中的应用对于提升汽车的设计效果和使用性能来说都具有重要作用，必须要保持设计理念的与时俱进，及时把握机电一体化技术的发展动向，探索将机电一体化技术应用到汽车设计的更多环节中，促进汽车智能化生产设计目标的实现。

结束语

　　机电工程作为一个新兴的高新技术产业，其结合了电子、计算机网络、自动化等目前现代工程项目管理系统在内的高科技，由于其出现历史的短暂，其在发展过程中仍然存在着不少的问题需要去解决。其发展对管理人员的素质要求也不断提高，以解决不断出现的错误，同时也要严格控制设备和设计性能。

　　必须施行严格的监控，必须不断提高施工人员的安全意识，将施工过程以及注意事项熟记于心，施工时施工人员必须穿安全服，要有应对突发事故的急救措施。例如在电焊是要戴防护面具，戴专业的手套，穿指定的鞋子。电焊是比较常见的一种工种，其事故却时有发生，就是由于摸线对电焊所带来的安全问题不太重视。这就需要我们注意变压器是否出现漏电现象，如果出现，在输出的其他地方就可能产生较高的电压。而在这时，如果工作人员粗心大意不小心碰到输出端的话，会遇到生命危险。

　　管理者对于施工工程的验收与竣工，要符合国家提出的标准，应该把各项标准都一一核对好，不断完善验收系统，对照合同的要求严格把关，检查好是否满足竣工的标准。

　　企业管理对机电工程技术的发展有着重要的影响。只有不断完善采用先进的管理经验，科学的管理结构，不断完善管理系统，才能减少施工成本，提高工程的质量与效率，实现企业利益的最大化，不断促进机电工程技术的发展。